Raspberry Pi
ラズベリー　パイ

教科書

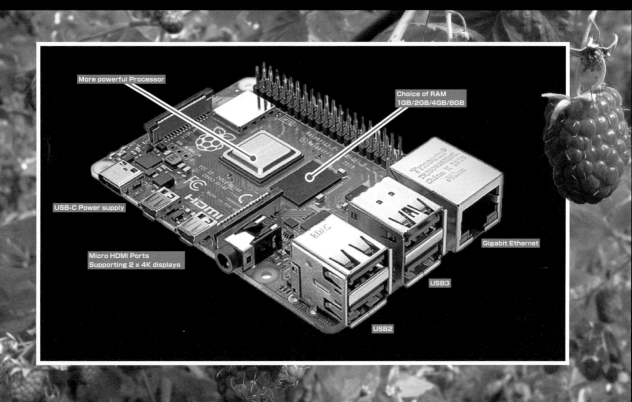

More powerful Processor

Choice of RAM
1GB/2GB/4GB/8GB

USB-C Power supply

Micro HDMI Ports
Supporting 2 x 4K displays

Gigabit Ethernet

USB3

USB2

はじめに

　英国発のワンボードマイコン「Raspberry Pi」（「ラズベリーパイ」＝「ラズパイ」）が、コンピュータ技術者だけではなく、一般向けにも幅広く使われています。

　最新機種の「Raspberry Pi 4」の CPU である4コアの Cortex-A72（1.5GHz）は、充分な処理能力をもち、それまでの電子工作や実験のプラットフォームから、大きく用途を拡大させました。

＊

　累計出荷台数は 3,740 万台（2020 年末）を超え、うち「Raspberry Pi 4」の 3 機種 (組み込み用「Computer Module 4」、完成品 PC の「Raspberry Pi 400」を含む) は、2020 年に 65 万台が販売されています。

　ラズパイが普及した大きな要因は、本格的な Linux 機でありながら、Linux の知識をもたなくても使える、敷居の低さにあるでしょう。

　UI の操作性は、「Windows PC」と同様で、直感的に操作できます。
　プログラミング言語も、図形の連結で視覚的に設計（visual programming）する初級者用「Node-RED」から、豊富な「モジュール」（ライブラリ）を利用し、差分プログラミングを行なう「Python」、さらに「C/C++」による本格的な開発も可能です。
　習得度合いに応じて、各人が無理なく使うことができます。

＊

　本書では、現行機種の「ラズパイ3」「4」「Zero シリーズ」を対象に、各機能の仕様と、「Python」での使用例を紹介しています。
　サンプルコードは基本的な構文で書かれており、実行方法もまとめているので、「Python」や処理系に詳しくなくても、読み進めることができます。

　ぜひ、ラズパイを動かしてみて、電子工作の楽しさを実感してください。。

くもじゅんいち
at I/O 編集部

「Raspberry Pi」教科書

CONTENTS

第1章

ラズパイ製品の種類と用途

本章では、「Raspberry Pi」製品の「種類」や「用途」について、概論的に解説していきます。

1-1　概要

「英Raspberry Pi財団」は、「Raspberry Pi」(以下、「ラズパイ」)製品や、OSの企画、開発のほか、製品を利用した情報教育を支援しています。

■ ラズパイの変遷と現状

●ラズパイの発展

英国での初等教育用として、2012年2月に「Raspberry Pi」(シングルコアARM1176JZF-S 700MHz)が出荷されて以降、

・Raspberry Pi 2…900MHz 32ビット 4 コア ARM Cortex-A7、2015年2月
・Raspberry Pi 3 Model B…1.2GHz 64ビット 4 コア ARM Cortex-A53、2016年2月
・Raspberry Pi 3 Model B+…1.4GHzにクロックアップ、2018年 3 月
・Raspberry Pi 4 Model B…1.5GHz 64ビット 4 コア ARM Cortex-A72 pro、2019年6月

と、処理能力を向上させてきました。

同財団の2020年度財務報告書によると、2020年末時点で累計3,740万台のラズパイ製品が出荷されています。

●Zeroシリーズ

2015年11月には、小コネクタ化と一部コネクタ廃止でフットプリント(専有面積)を大幅に削減した「Raspberry Pi Zero」を発売。

その後、Wi-Fi対応の「Raspberry Pi Zero W」(2018年 1 月)、「SoC」を「ラズパイ 3」相当にアップグレードした「Raspberry Pi Zero 2 W」(2021年10月)を発売しました(1-2参照)。

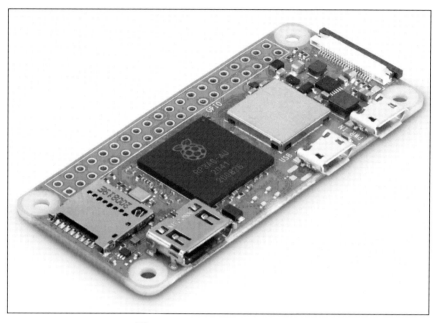

図1-1-1　Raspberry Pi Zero 2 W

※「ラズパイ Zero 2 W」は2022年4月現在で正規代理店から販売されておらず、日本国内でのWi-Fi・Bluetoothの利用は実験目的に限られます（1-6参照）。

●組み込み機器市場への進出

2014年4月には、機器組み込み用派生製品（system-on-module variant）「Compute Module」を発売。

その後、ラズパイ3相当の「Compute Module 3」（2017年1月）、ラズパイ4相当の「Compute Module 4」（2020年10月）を発売します。

図1-1-2　Compute Module 4

●Pico

2021年1月には、「CPU」「GPIO」「メモリ」「EEPROM」のみを搭載し、Linux上ではなく直接専用ファームウェアを動作させる「Raspberry Pi Pico」を、米国市場で「$5」という低価格で発売しました。

ラズパイ最大の特徴である「Linux OS」の資産を活かせない点は賛否がありますが、ラズパイ上のクロス開発環境を整備し、ラズパイ・ユーザーへの浸透を図っています（**1-3参照**）。

図1-1-3　Raspberry Pi Pico

●PC市場への進出

2020年11月には、「完全なPC」（complete personal computer）として、キーボードにラズパイ4相当（一部コネクタを省略）の新規設計基板を組み込んだ「Raspberry Pi 400」を発売、低価格PC市場に参入しました（**1-4参照**）。

図1-1-4　Raspberry Pi 400

●Wi-Fi、Bluetoothを標準搭載した軽快なLinux機

「ラズパイ1」～「4」は、「有線LANポート」の有無で、「model A（無）」「B（有）」に分類しますが、「ラズパイ2」以降は「B」が主流です。

「Zeroシリーズ」と「Pico」は（呼称しませんが）「model A」が基本で、「Wi-Fi/Bluetooth対応」は、名称の語尾に「W」が付きます。

　「ラズパイ4」は2022年4月時点で「model B」のみが発売され、「ラズパイ3」も「model B+」（＋はクロックアップ版の意味）、「Zeroシリーズ」も「W」が主流です。

　「Pico」を除く全機種は、「Linux Debianベース」のOS、「Raspberry Pi OS」（旧称Raspbian）上でアプリを動作し、常時ネットワーク接続のLinux機と同様の開発や実行環境を実現しています（**1-5参照**）。

　また、有志が他のLinuxパッケージや別のOSを移植しています。

　　　　　　　　　　　　　　　　　　＊

　なお、ラズパイは現在まで携帯通信網に未対応で、携帯通信網への接続時にはBluetoothやWi-Fiでテザリングする必要があります。

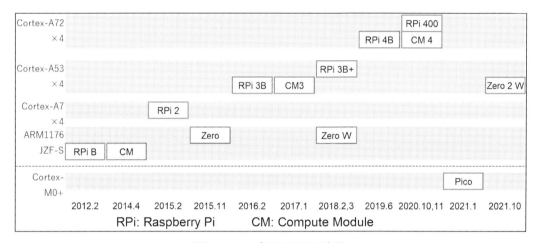

図1-1-5　アプリ用CPUの変遷
（※ Wikipedia英語版「Raspberry Pi」の資料より筆者作成）

■ 教育活動

　財団は、「ラズパイ」を用いたカリキュラムを多数提供しています。

●教育カリキュラム

　2020年に490万人、累計880万人が財団の無償オンライン電子工作コースを受講しました。また、「教師」「トレーナー」育成コースを33追加、累計103コースを7万人が受講しました。

●教育プログラムの提供

　財団は英国立電算教育センター（The National Center for Computing Education）の設立や運営に協力、コンピュータ教育に従事する教師を支援するため、2020年に500時間の無償授業を提供しています。

●ISS上のラズパイ

財団はESA（欧州宇宙機関）協力の下、「Astro Pi計画」として、ISS（国際宇宙ステーション）に「ラズパイ」を設置。25カ国17,200人の若者が利用しました。

■「ラズパイ」の基本デザイン

「ラズパイ」は業界標準のさまざまな「ハードウェアI/F」を備え、各種デバイスをつなげるだけで、すぐに使うことができます。

●CPU、GPU

「Pico」を除き、ラズパイ製品は「米Broadcom製SoC」を採用。

「OS」や「アプリ」の実行速度、ビデオの最大解像度、フレームレートなどのマルチメディア機能は、搭載の「SoC」が内蔵している、「CPU」「GPU」「Video Codec」（エンコーダ<coder>/デコーダ<decoder>）によって違います。

「SoC」（System on a Chip）内のアプリケーション実行用CPUは、全製品が「ARM」ですが、「SoC」によって「ARMコア」が異なり、たとえば「64bit版ラズパイOS」は、「ラズパイ3」「4」「Zero 2 W」でしか動作しません。

●本体メモリ（RAM）

「RAM」は、金属パッケージの「SoC」の隣にあり、同一製品でも「RAM容量の違い」で価格が異なります。

「ラズパイ4」は、「2GB～8GBのモデル」が販売されていましたが、近年の半導体供給の逼迫と価格高騰から、現在では「RAM 1GBのモデル」も販売されています。

「1GBモデル」では、現行OSの「ウィンドウマネージャ」の「陰影処理」がカットされる制限があります。

●ストレージ

「SoC」は、「ブートローダ」や設定値を保存する「EEPROM」をもっていますが、「ラズパイOS」上の「ファイルイメージ」は、使用者が取り付ける「ストレージデバイス」に保存します。

当初は「SDカード」のみの対応でしたが、「ラズパイ4」と同じ「SoC」の機種は、「USBフラッシュドライブ」にも対応しています（3-2参照）。

●GPIOピン

ラズパイ最大の特徴である、40本の「GPIOピン」列には、「UART」「I²C」「SPI」「PWM I/F」と「3.3/5V電源供給」「GND」が割り当てられ、さまざまなデバイスを、ハンダ付けなしで（ジャンパ線で）つないで操作できます。

「CO_2センサ」「大気圧センサ」など、制御が容易なデバイスを実装した基板がパーツショップで販売されており、「気象観測」は代表的な利用例です(**第4章参照**)。

また、「GPIOピン」で接続し、「ラズパイ基板」と重ねるように接続する拡張ボート規格「HAT」(**2-1参照**)準拠の製品が、数多く販売されています。

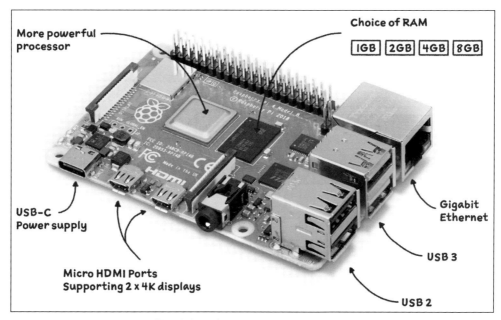

図1-1-6　「ラズパイ4」のハードウェア構成(ラズパイ財団)

●有線LAN
「ラズパイ3」は「Gigabit有線LANポート」を装備していますが、コントローラが「USB2.0」に接続されているため、最大通信速度はUSBの上限300Mbpsに制限されます。

「ラズパイ4」では、当該部分が再設計され、上記の制限はありません。

●Wi-Fi/Bluetooth (ワイヤレス機能)
「ラズパイ3」「4」「Zero W」「Zero 2 W」は、標準でWi-Fi対応ですが、SoCの違いで、Wi-Fi(5GHz帯対応)、Bluetoothの対応プロファイルに差があります。

●ディスプレイ(DSI)、カメラ(CSI)
公式で出ている小型の「液晶ディスプレイ」「カメラ」および「互換製品」は、基板上の専用コネクタに取り付けることができます(**4-4、4-2参照**)。

「液晶ディスプレイ」はタッチパネル対応で、キーボードをつなぐだけで基本操作ができて、便利です。

　なお、ラズパイOS用のドライバがあれば、「DSI」「CSI」コネクタを使わなくても、「USB Type-A」コネクタに接続するPC用の汎用品が使えます。

●オーディオジャック

　「ラズパイ3」「4」は、「オーディオジャック」を搭載していますが、高品位(high quality, HQ)再生を想定したものではありません。

　音楽を楽しみたい場合は、「DAC」(digital to analog converter)を搭載した「HAT」(2-2参照)の利用を検討するといいでしょう。

●「USB」「HDMI」(汎用I/F)

　「ラズパイ3」は、「USB 2.0」「1K解像度」対応でしたが、「ラズパイ4」では、「USB3.0」「4K画面」に対応しました。

　なお、「ラズパイ4」では、「Type-A」と「Type-C」の2つのUSBコネクタが実装されているように見えますが、「Type-C」のUSBコネクタは「給電用」で、「汎用」のUSBコネクタではありません。

●本体の選択と必要な周辺機器

　ラズパイ本体は、特段の状況がなければ「ラズパイ4」を購入するのが無難でしょう。

　本体メモリは、(「8GB」でなく)「2GB」「4GB」でも、大半の処理は可能です。

　「ラズパイOS」は、「Bluetoothキーボード/マウス」に対応しており、最新の「ラズパイOS」では、新規インストール時に"ペアリング"しますが、「USBキーボード/マウス」があれば、接続不調時に困らずにすみます。

　「ラズパイ4」は「USBストレージ」に対応していますが、USBコネクタを占有しない「micro SDカード」を選択するのが無難です。

　容量は「8〜16GB以上」が推奨値ですが、市販の「micro SDカード」はそれ以上の容量が大半かと思います。

　「USB」「有線LANポート」以外は、コネクタの形状が一般的な「情報家電」や「PC」と異なっており、「ケーブル」の他に「変換コネクタ」が必要になります。

■ Pythonプログラミング

●豊富なPython資産を利用した差分プログラミング

　Linux機である「ラズパイ」は、「C/C++」をはじめ、さまざまなプログラム言語に対応していますが、「Python」でのプログラミングが主流です。

　ラズパイ用のデバイスや「HAT」の多くは、Python用のモジュール(ライブラリ)を用意し

ており、Pythonでプログラミングすると、直接コントローラを操作せずにデバイスを制御できます。

● Thonny Python IDE

「ラズパイ」では、

```
python　　[ファイル名]
```

の形で、「Pythonスクリプト」を指定して実行します。

しかし、「統合開発環境」(intergrated development environment, IDE)の「Thonny Python IDE」を利用すれば、Windows PCの「Visual Studio」に代表される、「エディタ」と「実行環境」が一体になった開発環境が実現できます。

1-2 Raspberry Pi Zero/Zero W/Zero 2 W

「Zeroシリーズ」の最新機種「Zero 2 W」は、「ラズパイ3」と同等の性能をもち、「画像認識」など、高負荷な処理が必要な用途に期待されています。

■ Raspberry Pi 「Zero」「Zero W」

前機種の「Raspberry Pi Zero (W)」は、現在も併売されています。

●製品の変遷

もともと、「Bluetooth」「WLAN」非対応の「Zero」が製品化され、その後、対応した「Zero W」が販売されました。

初代「Zero」も併売中ですが、購入を考えているときは、「Bluetooth」「WLAN」なしで大丈夫なのか、慎重に検討してください。

●WとWH

ピンヘッダがハンダ付けされた「Zero WH」と、されていない「Zero W」があり、「Zero WH」が広く販売されています。

なお、後述のとおり、ピンヘッダの取り付け位置にケースを合わせる必要がある場合、「Zero W」を購入し、自分でピンヘッダをハンダ付けします（「ハンダ付け」については**5-3参照**）。

図1-2-1 ピンヘッダ未取り付けの「Raspberry Pi Zero W」

●処理能力

「Zero (W)」は、現行のラズパイOS機の中で、最もCPUが非力です。

「Thony Python IDE」は実用的に動作するため、「Zero W」単独で「Pythonスクリプト」を開発できますが、「画像処理パッケージ」のように重い処理をリアルタイムで行なうことは、難しいと思います。

■ Raspberry Pi Zero 2 W

●「ラズパイ3」と同等の性能をもつ「Zero」

「ラズパイ4」ベースの新製品が汎用機、キーボード一体PC、Compute Moduleで発売される中、6年前発売の「Zero」は性能で見劣りしていましたが、2021年10月に「ラズパイ3」ベースの新製品「Raspberry Pi Zero 2 W」が発売され、他製品と型を並べました。

表1-1 Raspberry Piの仕様比較

製品名		ラズパイ4	ラズパイ3(B+)	Zero 2 W	Zero W
形状		シングルボード・コンピュータ（本体のみ）			
SoC		Broadcom			
		BCM2711	BCM2837	BCM2710A1 (BCM2837)	BCM2835
CPU	コア	Cortex-A72	Cortex-A53		ARM1176JZF-S
	コア数	クアッド (4)			シングル (1)
	最大周波数	1.5GHz	1.2GHz	1GHz	
	RAM	1G〜8GB	1GB	512MB	
	OS	Raspberry Pi OS			
無線	WLAN	b/g/n/ac		b/g/n	b
	Bluetooth	5.0 BLE	4.2 LS BLE	4.2 BLE	4.1 BLE
外部端子	Etherポート	1Gbit/s	100Mbit/s	なし	
	USB	USB3×2、2×2	USB2×4	micro USB 2 OTG×1	micro USB2×1
	電源	USB Type-C		micro USB	
	HDMI	micro HDMI×2	フルHDMI	mini HDMI	
	GPIO	40 pin			

●個人の組み込み用途に最適

　汎用機の「ラズパイ3」「4」に対し、「Zeroシリーズ」は安価で「フットプリント」（設置面積、占有高）も小さく、組み込み用途に適しています。

　業務向け「Compute Module」は、発売元が限られる上に、別途「I/Fボード」を購入する必要があり、個人で扱うなら、「Zero」シリーズや「Pico」が便利です。

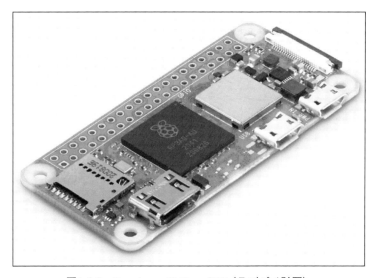

図1-2-2　Raspberry Pi Zero 2 W（ラズパイ財団）

●正規品は日本未発売

　米国では「$15」で販売されていますが、日本では2022年4月時点で正規代理店の「スイッチサイエンス」から製品が発売されておらず、工事設計認証（技適）を取得した市販製品はありません。

　並行輸入品がネットで販売されていますが、そのような製品でWi-Fiを日常的、あるいは業務用途に使うと、"電波法に抵触する"ので、注意が必要です。

　なお、実験用途で限定的に使う場合は、申請することで使用可能です（1-6参照）。

●「ラズパイOS」の資産を利用可能

　「ラズパイ3」「4」と同じラズパイOS機で、「USB」「HDMI」「GPIO」他の仕様も同一なことから、共通のアプリや周辺機器を利用できる点が、大きな強みです。

　実際、機種固有のドライバを組み込まなければ、「ラズパイ3」「4」で使っている「OSイメージ」が入った「SDカード」でも起動します。

　ただし、省サイズ化のため、コネクタは「ラズパイ3」「4」と異なるものが使われており、

「ラズパイ3」「4」で使っていたケーブルを接続する際は、変換コネクタが必要です。

●「ラズパイZero W」に準じた本体デザイン

　外部I/F、コネクタは位置も含め、前機種「Zero W」と同じです。

　GPIO40ピン、micro USB×1（2つのうち一つは電源供給用）、カメラI/F（CSI-2）、mini HDMIを備えます。

　図1-2-3中、本体コネクタに接続している3本のケーブルは、上から「電源供給」、「キーボード/マウス用」、「HDMIディスプレイ」への接続です。

図1-2-3　「ラズパイ Zero 2 W」の使用イメージ（ラズパイ財団）

　注意点ですが、後述のとおり、この写真で接続されている公式キーボードは「HUB」（ハブ）を内蔵しており、「USBマウス」はキーボードのHUB経由で接続しています（マウスとキーボードの接続部分は、写真から外れていますが…）。

●「WLAN」は「2.4GHz」のみ

　「Zero」シリーズには「LANポート」がなく、ネットは「WLAN」での接続が基本です。

　本製品は前機種と同様、「2.4GHzのみ対応」（5GHz非対応）です。

【ラズパイ財団公式ページ】製品紹介

https://www.raspberrypi.com/products/raspberry-pi-zero-2-w/

■ 製品仕様

●形状・機構

　図1-2-4のとおり、「基板の形状」「ネジ止め穴」「コネクタの位置」は、前機種「Zero W」と同一
です。

　したがって、公式ケースを含む、Zero W用の大半のケースは流用できるでしょう。

図1-2-4　ラズパイ Zero W（上）と Zero 2 W（下）。

　前機種と同様、裏面は部品未実装です。

図1-2-5　ラズパイ Zero W の裏面

●**実装部品**

　図1-2-4から分かる大きな相違点は、「CPU」「DDRRAM」が入っている「SoC」(中央黒)の右側にある、金属でシールドされている無線(WLAN/Bluetooth)モジュールです。

　ラズパイ財団によると、「Zero 2 W」ではデバイスICで回路を構成せずに、モジュールを組み込み、認証手続きを迅速化したとのことです。
　その右の電源部も再設計されています。

●**ピンヘッダの取り付け方向に注意**

　「Zero」シリーズ共通の注意点ですが、基板に合わせた薄型のケースでは、ピンヘッダの取り付け面(基板の表裏)とケースが合っているか確認します。

図1-2-6　薄型の公式ケース

　公式ケースは、ケース裏面にピンヘッダ用の穴があるため、ピンヘッダは基板裏面に付けるのが基本ですが、「カメラモジュール」を収納しないならば、ケース表面にピンヘッダを出すことができます。

　図1-2-7は公式ケースで、左下が底面、他3つはすべて表面です。

　「カメラモジュール」を収納する場合、左上の表面ケースにレンズを取り付けるため、ピンヘッダは底面側に出します。

　それ以外の場合、右下のケースを利用して、ピンヘッダを表面に出すことができます。

図1-2-7　公式ケースの表面の形の違い

　ただし、ピンヘッダが実装ずみの「Zero」シリーズの中には、ピンヘッダが表面側に付いている場合があり、ピンヘッダのアクセス用に右下の表面を使うと、「カメラモジュール」を取り付けることができません。

　ケースの購入時は、Zero本体のピンヘッダとケースの穴が合っているか、確認します。

■ コネクタ
　小型化のため、コネクタは最低限です。

●「USBポート」の空きは1つのみ
　「micro USB」が2ポートありますが、1つは「電源供給用」のため、「汎用的」に利用できる「USBポート」は1つだけです。

　Bluetoothキーボード/マウスを使うとしても、少なくとも初期設定では有線でキーボードとマウスを接続するため、USBハブは必須です。

●HDMI
　「miniコネクタ」のため、「ラズパイ4」(micro HDMI)のケーブルを流用できません。

●CSI
　カメラコネクタも電気的仕様は同一ですが、コネクタ形状が異なります。
　公式ケースは、Wシリーズ用のケーブルを同梱しています(**4-5参照**)。

●**LANポート未実装**

「Etherポート」がなく、そのままでは「有線LANケーブル」を接続できません。

USBに接続する「有線LANアダプタ」の一部は、そのまま動作した報告がありますが、実績のある製品に思えても、中のチップセットのrevisionが替わっていることがあり、注意が必要です。

本体は安価ですが、「USBハブ」「mini HDMI変換コネクタ」「有線LANアダプタ」を新規に揃えると、「ラズパイ3」「4」との値差が縮まります。

●**公式キーボードはUSBハブ内蔵**

「公式キーボード」は、キーボード自体に「USBハブ」(USB Type A×3)が付いており、「ラズパイ本体」-「キーボード」-「マウス」とカスケード接続すれば、「USBハブ」は不要です。

図1-2-8　公式キーボードとマウス
中央のケーブルは「ラズパイ」と接続。

ただし、公式キーボード付属のラズパイ接続用ケーブルは、ラズパイに接続する側が「USB Type A端子」のため、「micro USB端子」の「Zero」シリーズに接続する場合、変換コネクタが必要です。

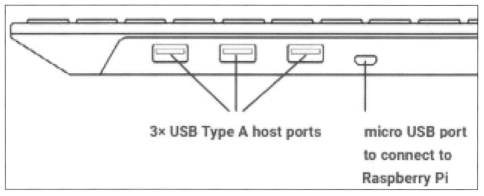

図1-2-9　公式キーボードのUSBハブ
「Type A」を3ポート備える。右はラズパイとの接続用。付属ケーブルは、
キーボード側は「microUSB」だが、ラズパイ側は「Type A」。

【Raspberry Pi Keyboard and Hub（公式サイト）】

https://www.raspberrypi.com/products/raspberry-pi-keyboard-and-hub/

処理速度

●PCの代わりに使うのは難しいが、Pythonスクリプト開発は快適

　本製品は「ラズパイ3B」とほぼ同一仕様の「SoC」で、「ラズパイ3B」がインターネットのブラウジングなど通常用途には非力なのと同様、本製品で通常のアプリを動かすのは現実的ではありません。

　たとえば、インターネットブラウザ（Chromium）は表示しますが、工学社ホームページ（http://www.kohgakusha.co.jp/）の表示に、初回は80秒以上かかります。

　一方、「Pythonインタープリタ」や統合開発環境「Thonny Python IDE」は軽快に動作するため、「Pythonスクリプト」の開発作業には充分です。

●UnixBench

　Linuxで標準的なベンチマーク「UnixBench」で、「ラズパイ4B」と「Zero 2 W」の処理速度を測定しました。

　CPUの処理能力を図る「Dhrystone」「Whetstone」の他、ファイルアクセス、OSのプロセス生成やスクリプト実行速度を計測します。

　CPUがマルチコア構成の場合、シングルスレッド動作の他、コア数だけ並列に計測用プログラムを実行し、マルチコアの効果も確認します。

【UnixBench(GitHub)】

https://github.com/kdlucas/byte-unixbench

●UnixBenchの実行方法

LXTerminalからgitコマンドを実行し、イメージ一式をインストールします。

```
$ sudo apt install git
$ git clone https://github.com/kdlucas/byte-unixbench
```

イメージの入っているディレクトリに移動し、「./Run」で実行します。

```
$ cd byte-unixbench/UnixBench
$ ./Run
```

結果はテキストで出力されます。

図1-2-10　出力された結果

●「マルチコア」で全体の処理能力が向上

「Zero 2 W」のマルチスレッドのスコア(=時間あたり処理数)は、シングルスレッド時の2～3倍超で、「マルチコア」を活かすと、処理速度が大幅に向上することが分かります。

●処理能力は4Bが高い

同じ「マルチコア」構成の「4B」と比較すると、「4B」は「Zero 2 W」よりも1.5～2倍超速く、高負荷の処理は「4B」が適しています。

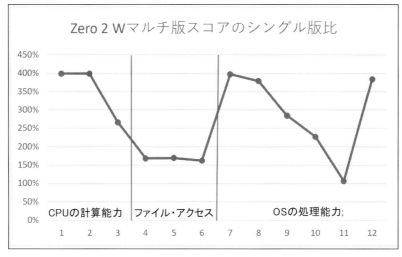

図1-2-11　Zero2 Wマルチ版スコアのシングル版比

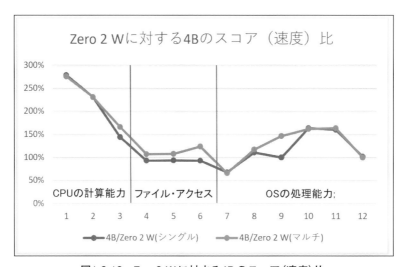

図1-2-12　Zero2 Wに対する4Bのスコア（速度）比

表1-2　「UnixBench」の実行結果

No.	テスト項目	単位	モデル				Zero 2 W マルチ/シングル	4B/Zero 2 W	
			4B		Zero 2 W				
	シングル/マルチ・スレッド版		シングル	マルチ	シングル	マルチ		シングル	マルチ
1	Dhrystone 2 using register variables	lps	10216797	40328648	3671587	14640204	399%	278%	275%
2	Double-Precision Whetstone	MWIPS	2517.4	10023.4	1092.9	4356.8	399%	230%	230%
3	Execl Throughput	lps	836.7	2573.4	583.7	1553.5	266%	143%	166%
4	File Copy 1024 bufsize 2000 maxblocks	KBps	87068.9	169670.9	93822.8	158381	169%	93%	107%
5	File Copy 256 bufsize 500 maxblocks		24141.9	47042.3	25938.7	43816.3	169%	93%	107%
6	File Copy 4096 bufsize 8000 maxblocks		240586.5	521371.3	260246.5	422752.5	162%	92%	123%
7	Pipe Throughput	lps	88822.3	345120.5	132236.5	525850.5	398%	67%	66%
8	Pipe-based Context Switching		27867.4	111579.3	25229	95598.1	379%	110%	117%
9	Process Creation		1296.8	5387.7	1300.5	3695.8	284%	100%	146%
10	Shell Scripts (1 concurrent)	lpm	2435.4	5487.3	1495.1	3394.4	227%	163%	162%
11	Shell Scripts (8 concurrent)		676.1	731	423.9	448	106%	159%	163%
12	System Call Overhead	lps	487685.2	1846757	481507.4	1849685	384%	101%	100%

※SDカードは全て同一製品（キオクシア Class 10 16GB）

1-3 Raspberry Pi Pico

「Raspberry Pi Pico」は、「ラズパイ」で最も小さくて安価なモジュールですが、ラズパイOS機ではなく、専用モニタ上で「MicroPython」を動作させる実行専用機で、「ラズパイOS」の資産を利用できない点に、注意してください。

■ 特徴

● USB、HDMIポート非搭載

本製品は「USB」「HDMI」がなく、キーボードを接続したり、モニタに画面出力できません。入出力はすべて「GPIO」で行ないます。

図1-3-1 両側のスルーホール列は「GPIO」、右は給電兼用「USB端子」

「Wi-Fi」「Bluetooth」「SDカード」も非対応です。
プログラムは、給電兼用の「USB-C」コネクタから本体にロードします。

● 実行専用機、クロス開発環境が必須

「ラズパイOS」は搭載していません。
本製品で実行させるプログラムは、他のラズパイやPCで開発します。

● 4ドルのマイコンボード

海外の希望小売価格は4ドルで、日本のパーツ店の実売価格も500円台後半です。
これまで最安値の「Raspberry Pi Zero W」から、大幅な低価格を実現しました。

■ 販売形態

●パッケージ

　本体はリールに収められて出荷、パーツ店で１つずつ切り離して販売されます。

図1-3-2　リールに収められた本体(財団ブログ)

●「ピンヘッダ」の省略

　「ピンヘッダ」は実装されておらず、購入後、まず「ピンヘッダ」をハンダ付けします。

　「ピンアサイン」は既存製品と異なるため、通常のラズパイ用の周辺機器をつなぐ場合は、注意が必要です。

図1-3-3　用意したピンヘッダ

■ RP2040

本製品(Pico)は、ラズベリー財団が開発した1チップCPU「**RP2040**」で設計されています。

● CPUのスペック

CPUは、以下の機能を内包しています。

・Dual core ARM Cortex-M0 (133MHz)
・RAM 265KB、ROM
・GPIO (アナログ入力×2、UART×2、SPI×2、I2C×2、PWM×16)
・USB 1.1コントローラ(ストレージ I/F)
・16MB外部Flash ROM用QSPIバス

【RP2040 Data Sheet】

https://datasheets.raspberrypi.org/rp2040/rp2040-datasheet.pdf

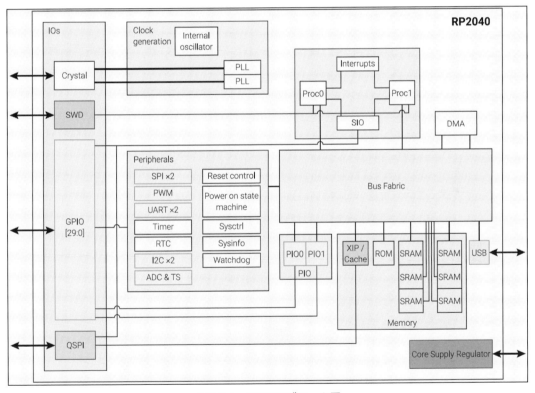

図1-3-4　RP2040ブロック図
「Pico」の機能が1チップで実現されている(RP2040 Data Sheet)。

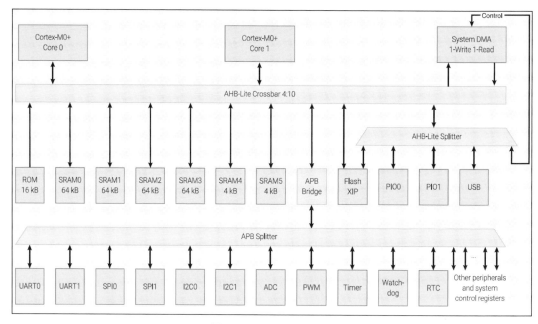

図1-3-5　CPUコア部分
「Cortex-M0+デュアルコア」であることが確認できる（RP2040 Data Sheet）。

●競合製品にも採用予定

ラズパイ以外のプロジェクトも、RP2040の採用を検討しています。

Arduinoは、RP2040を利用したArduino製品の開発を発表しました。

■ プログラムの実行形式

●実行ファイルの形式

実行ファイルは「UF2」（USB Flashing Format）形式で、「Raspberry Pi Pico C/C++ SDK」を用いて「実行ファイル」を作ります。

●MicroPython

「MicroPython」インタープリタが「UF2形式」で提供されています。

インタープリタをインストールすれば、（UF2形式のバイナリ実行ファイルではなく）「MicroPythonインタープリタ」を介して、「Pythonスクリプト」を実行できます。

「MicroPython」は、「Python 3.4」および「3.5」の「async」「await」に対応しています。

【「C/C++ SDK」「MicroPythonインタープリタ」の配布元（公式サイト）】
https://www.raspberrypi.com/documentation/microcontrollers/raspberry-pi-pico.html

■ 実行手順

「実行ファイル」は「ラズパイ」や「PC」で作り、USB経由で「Pico」に転送します。

●ボード上のLED・温度センサの制御

ボードには、プログラムから制御できる「緑色LED」と「温度センサ」が付いています。

最初は、初期不良があるかどうかの確認を兼ね、「LEDを点滅させるソフト」を動かすのがいいでしょう。

●実行ファイルの転送

ボード上の「タクトスイッチ」(BOOTSELボタン)を押しながら、「PC」と「Pico」を「USBケーブル」でつなぐと、「PC」が「Pico」を「USBドライブ」と認識します。

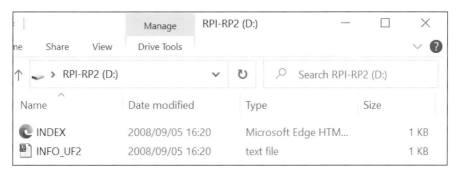

図1-3-6 「PC」が「Pico」をボリューム名「RPI-RP2」のドライブとして認識

ここで、「UF2形式」のファイルをドラッグアンドドロップすると、「Pico」に実行内容が書き込まれ、自動的に「リブート」し、「イメージ」を実行します。

●UF2コードの実行

一度実行ファイルを書き込んだ後は、「タクトスイッチ」を押さずに、「USBコネクタ」に「ケーブル」を挿す(給電する)だけで、プログラムを実行します。

●Pythonスクリプトの実行

「ラズパイ」では、「Pythonスクリプト」による制御が主流ですが、本製品も前述のとおり、「MicroPythonスクリプト」を利用し、電源投入後に「Pythonスクリプト」を自動実行させることができます(実行手順は5-3参照)。

「Pythonスクリプト」を実行させる場合、最初に「UF2形式」の「MicroPythonインタープリタ」をインストールし、次に「Pythonスクリプト」を「main.py」の名前で書き込みます。

■ クロス開発環境

「SDK」のマニュアルは、「ラズパイ 4」上でのクロス開発環境を説明しています。

●UART経由での入出力

「Pico」と「ラズパイ 4」の「UART」を接続すると、「ターミナルソフト」(minicomなど)を介し、テキスト入出力をラズパイ側で確認できます。

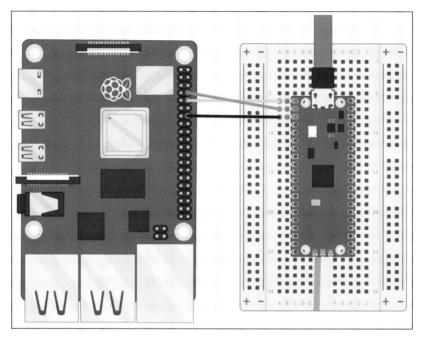

図1-3-7　「ラズパイ 4」と「Pico」(ブレッドボード上)のURT接続図
(Raspberry Pi Pico Python SDK マニュアル)

●Thonny Python IDE

「ラズパイ 3」「4」「W」と「Pico」をUSB接続すると、「ラズパイOS」の統合開発環境「Thonny Python IDE」から、「Pico」上の「MicroPython」を制御できるようになり、Pythonスクリプトをデバッグできるようになります。

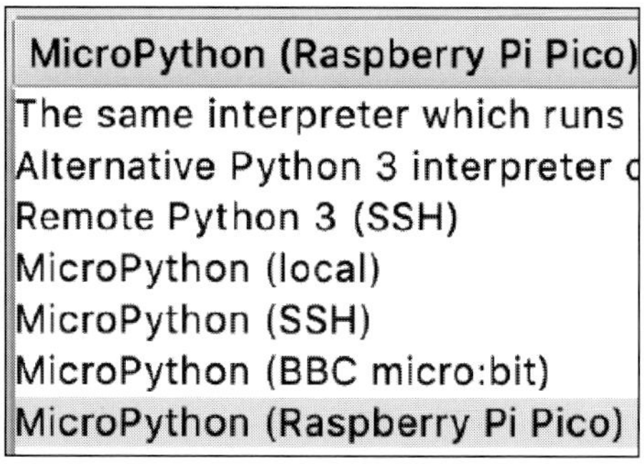

```
MicroPython (Raspberry Pi Pico)
The same interpreter which runs
Alternative Python 3 interpreter d
Remote Python 3 (SSH)
MicroPython (local)
MicroPython (SSH)
MicroPython (BBC micro:bit)
MicroPython (Raspberry Pi Pico)
```

図1-3-8　「Thonny Python IDE」の実行環境で「Pico」を選択可能

1-4 | Raspberry Pi 400、Compute Module

「ラズパイ3」「4」を元にした「PC」と、「組み込みモジュール」が発売。
「ラズパイ」を、「教育用キット」から「教育機材」、「業務用途」に拡大します。

■ Raspberry Pi 400

2020年11月発表の「Raspberry Pi 400」は、「Raspberry Pi 4」を「キーボード」に組み込んだ、コストパフォーマンスのいい「PC」として、「教育現場」や「入門用途」を狙います。

●基本デザイン

キーボード一体型の本体に、通常の「ラズパイ」と同様、「USB-C」(3A)で給電します。
キーボードのレイアウトは、英米仏独伊西版から購入時に選択します。

●価格

本体のみで70ポンド(11,550円)です。
ACアダプタ、OSインストールずみSDカード、HDMI、マウスを同梱した「クリスマスプレゼントモデル」が100ポンド(16,500円)です。

●ハードウェア仕様

基本的に「ラズパイ4メモリ5GBモデル」と同一で、CPUのクロックが「1.5GHz」から「1.8GHz」に若干上がりました。

【Raspberry Pi 400仕様】

https://datasheets.raspberrypi.org/pi400/pi400-product-brief.pdf

●GPIOは健在

「ラズパイ」と言えば、「40pin」の「GPIOピンヘッダ」ですが、本機も背面にピンヘッダが出ており、現行のボードタイプの製品と同様に、工作や実験に使えます。

ただし、本体基板に重ねる「HAT」はケースにあたるため、拡張ケーブルをつないで接続します(2-1参照。規格概要-ピンヘッダの拡張)。

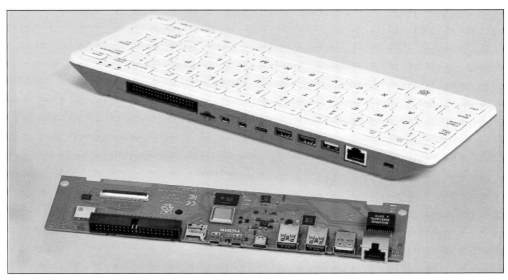

図1-4-1　本体とマザーボード（公式ブログ）
コネクタ列の左端がピンヘッダ。

表1-3　「Raspberry Pi 400」の仕様比較

製品名	Raspberry Pi 400	Raspberry Pi 4 Model B	Raspberry Pi Compute Module 4
SoC	Broadcom BCM2711		
CPU	quad-core Cortex-A72 (ARM v8) 64-bit		
(clock)	1.8GHz	1.5GHz	
RAM	LPDDR4-3200 SDRAM		
(size)	4GB	2、4、8GB	1、2、4、8GB
SDカード	micro SD（OS、データ保存用）		（←　オプション対応）
WLAN	2.4/5.0GHz IEEE 802.11b/g/n/ac		
BT	Bluetooth 5.0、BLE		
有線LAN	Gigabit Ethernet		
USB	USB 3.0×2	USB 3.0×2	USB 2.0×1
GPIO	40-pin GPIO header		28
eMMC			0/8/16/32GB
PCIe			PCIe Gen 2×1
映像入出力	micro HDMI×2	micro HDMI×2 2 lane MIPI DSI/CSI	2/4 lane MIPI DSI/CSI
(最大解像度)	4Kp60対応		
(デコード)	H.265 (4Kp60 decode)		
OpenGL	OpenGL ES 3.0 graphics		

●「DSI」「CSI」コネクタなし

　「ラズパイ3」「4」には、ディスプレイI/Fの「DSI」（4-4参照）、「ラズパイ3」「4」「Zero」には、基板上にカメラインターフェイスの「CSI」（4-5参照）があり、HDMI/USBコネクタを占有せず、対応ディスプレイ/カメラデバイスを接続できます。

　本製品には、「DSI」「CSI」の両コネクタがなく、対応製品を使うことができません。

■ Raspberry Pi Compute Module

「Raspberry Pi Compute Module」は、ラズパイを機器の一部として組み込む業務用ボードで、必要なデバイスのみを選択し、低価格を実現しています。

2014年4月に最初の製品を発表し、現在は「ラズパイ4」ベースの製品も発売されています。

●基本構成

RAM容量、内蔵eMMC容量、Wi-Fi/Bluetoothアンテナの有無を購入時に選択できます。

最小構成の「RAM 1GB」「eMMC」「無線機能」なしが「$25」、最大構成の「RAM 8GB」「eMMC 32GB」「無線機能あり」が「$90」です。

図1-4-2　Raspberry Pi Compute Module

【Raspberry Pi Compute Module 4仕様】

https://static.raspberrypi.org/files/product-briefs/2010016+Product+Brief+RPi+CM4.pdf

●開発には「ブレッドボード」が必要

基板にコネクタがなく、開発中は基板を「Compute Module 4 IO Board」の中央右上よりの縦二列のコネクタにつなぎます。

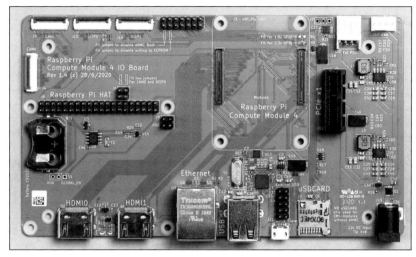

図1-4-3　Compute Module IO Board（公式サイト）

【Compute Module 4 IO Board仕様】

https://datasheets.raspberrypi.org/cm4io/cm4io-product-brief.pdf

1-5　Raspberry Pi OS

　「ラズパイOS」がDebian Bullseyeベースにアップデートされ、従来の「32bit版」とともに「64bit版」も提供されました。「旧版」との"非互換部分"には、注意が必要です。

■ 32bit版新OSのリリース

●Bullseye
　ラズパイ財団は、2021年11月8日にラズパイOSの新版「Bullseye」を発表、現在では新版が通常のラズパイOSとして提供されています。

【Bullseye - the new version of Raspberry Pi OS】

https://www.raspberrypi.com/news/raspberry-pi-os-debian-bullseye/

●Legacy版のBuster
　今回から、「旧版」を「legacy版」として、引き続きメンテナンス・リリースします。

【"New" old functionality with Raspberry Pi OS (Legacy)】

https://www.raspberrypi.com/news/new-old-functionality-with-raspberry-pi-os-legacy/

　ラズパイの用途が「compute module」で教育やホビーから産業向けに拡大する中、「旧版」を一定期間残す方針は歓迎されるでしょう。

図1-5-1　Compute Module 4（ラズパイ財団）

■ Busterの特徴

●GTK+3、ウィンドウマネージャの刷新

「UI toolkit」（GTK+2からGTK+3へ）と「ウィンドウマネージャ」がアップグレードされています。

ウィンドウの重ね合わせの境界に影（shade）が付き[※]認性が改善、通知（notificaton）機能に対応しました。

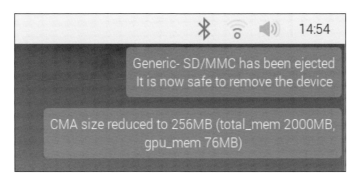

図1-5-2　通知例（ラズパイ財団公式ブログより）

※新ウィンドウマネージャは、本体メモリ2GB以上のモデルのみで有効。1GBのモデルでは、従来の（影なし）ウィンドウマネージャが使われます。

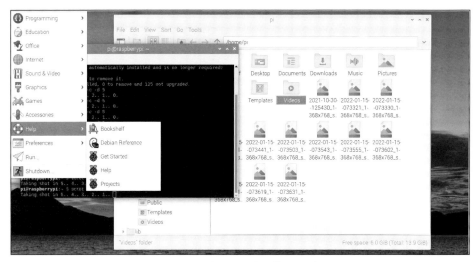

図1-5-3 ウィンドウの境界に影
下に重なるウィンドウとの境界が見やすくなった。

●パッケージ種別

「現行版」は、「①通常版」「②フル(full)版」「③ライト(lite)版」の3種類、「legacy版」は「①通常版」「②ライト版」の2種類から選択します。

※「ライト版」はサーバ用途を想定した「GUIなし」のパッケージです。通常は選択しません

図1-5-4 「SDカード」「USBメモリ」に「OSイメージ」を書き込む
「Raspberry Pi Imager」のパッケージ選択画面

●豊富なプリ・インストール・アプリ

「フル版」では、多くのアプリがインストールされ、最初から実用的に使うことができます。

PC志向のキーボード一体型「Raspberry Pi 400」に適しているでしょう。

図1-5-5 Raspberry Pi 400。GPIO・USB端子はあるが、カメラ(CSI)・
ディスプレイ(DSI)・コネクタがなく、電子工作はGPIOに限られる。

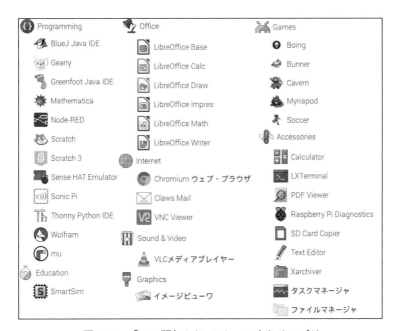

図1-5-6 「フル版」でインストールされるアプリ

●ビデオ/カメラ・ドライバの変更

「現行版」は、「旧版」から「ビデオとカメラのドライバ」を変更しています。

これより、コードがオープンソースになり、APIがLinux標準(Linux display API、libcam
era)になりましたが、これまでの(ラズパイ固有APIを呼び出す)コードが動作しなくなりま
した。

●旧カメラI/Fの有効化

カメラI/Fの変更は影響が大きいため、旧I/F (picamera)も「legacy camera」として対応、
ラズパイの設定画面(raspi-config)から有効にできます。

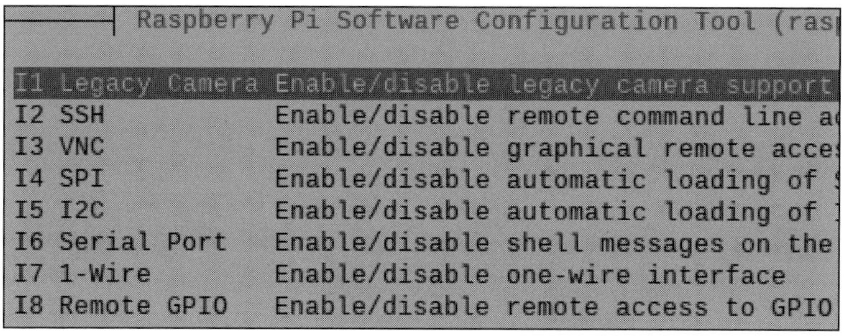

```
         ┌──────┐ Raspberry Pi Software Configuration Tool (ras
         └──────┘
 I1 Legacy Camera Enable/disable legacy camera support
 I2 SSH            Enable/disable remote command line ac
 I3 VNC            Enable/disable graphical remote acces
 I4 SPI            Enable/disable automatic loading of
 I5 I2C            Enable/disable automatic loading of
 I6 Serial Port    Enable/disable shell messages on the
 I7 1-Wire         Enable/disable one-wire interface
 I8 Remote GPIO    Enable/disable remote access to GPIO
```

図1-5-7　「raspi-config」の設定画面
「Legacy Camera Enable/disable」の項目が追加。

　現時点では、ラズパイ用プログラム例のほとんどが旧I/Fのため、「CSI」コネクタに接続する公式カメラを使う場合、「legacy camera」を「有効」にしておくといいでしょう。

　なお、後述4-5のとおり、「picamera」互換で新I/F (libcamera) 用の「picamera2」が開発中で、2022年4月時点ではβ版がリリースされています。

　「import」の記載は「picamera」から「picamera2」に変更する必要がありますが、将来、既存のコードを再利用できることが期待されています。

●ブラウザ上のビデオ再生の最適化
　Chromium ブラウザのビデオ再生が、ラズパイのハードウェアアクセラレーションに合わせて最適化されました。

●基本的なパフォーマンスは変わらず
　「UnixBench」のスコアは、「32bit現行版」、「旧版」でそれほど変わりませんでした。

　新しいウィンドウマネージャは負荷が高いようで、デスクトップ上でウィンドウをドラッグして移動する場合、若干なめらかさを欠くときがあります。

■ インストール時の注意点
●ビデオ出力のトラブル
　リリース直後の時点では、「Raspberry Pi Imager」がSDカードに書き込むOSのイメージが古く、一部モニタでは画面表示が出ないことがあります。

　筆者の例では、TVのHDMI入力につないでも表示が出ず、「LXTernimal」から以下のコマンドでOSを最新にして、初めて表示されました。

```
sudo apt update
sudo apt full-upgrade -y
```

　そもそもディスプレイに表示されない状況では、上記コマンドを入力できないため、接続不調時はPC用のモニタを用意する必要があります。

●システムのアップデート

インストール直後の古いシステムは、「raspi-config」に「legacy camera」を有効にするメニューがなく、安定性からもアップデートが推奨されます。

新OSでは、画面右上に「システムアップデート」が通知されますが、上記のとおり「LXTerminal」で「apt」コマンドを入力してもかまいません。

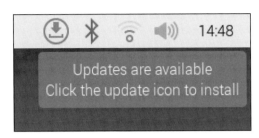

図1-5-8　アップデートがある場合の通知（ラズパイ財団）

■ 今後の予定

●Legacy版のサポート

「Legacy版」も次のOSアップデートまで引き続きサポートされますが、サポートコスト低減のため、以下の変更が行なわれます。

[1]カーネルはLinux kernel 5.10.yから分岐し、今後はセキュリティ・パッチ、ハードウェア対応のみ反映。
[2]ブラウザからハードウェア・アクセラレーション機能を削除。

●OSの改版予定

「ラズパイOS」のベースの「Debian Linux」の2年ごとの改版に合わせ、「legacy版」は2024年1月※までサポートされます。

※カーネルは2026年12月まで。

この時点で、現行OSが「legacy版」になり、「ラズパイOS」は「Debian Bookworm」に移行予定です。

●Linux標準デスクトップ環境へ向けて

公式ブログでは、「GTKウィンドウマネージャ」の改版は、ラズパイに「X Window」※を導入し、Linux標準の環境をラズパイに導入する最初のステップ（the first step on this path）としています。

※あるいは、Debianで採用された後継のWayland。

はるか遠い道程（still quite a long way）としていますが、今後が楽しみです。

■ 64bit版ラズパイOS

●初の正式版

2022年2月2日、ラズパイ財団は「64bit版ラズパイOS」の正式リリースを発表しました。

それまで、ラズパイOSの正式版は「32bit版」のみで「64bit版」は「β版」でしたが、現行OSでは、「32/64bit版」の両方がサポート対象になりました。

●インストーラの対応

OSのインストーラ「Raspberry Pi Imager」も「64bit版」に対応。「Raspberry Pi OS (other)」からサブメニューで選択できます。

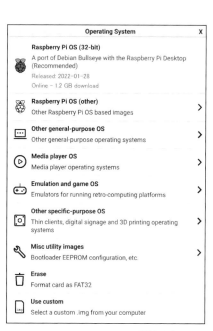
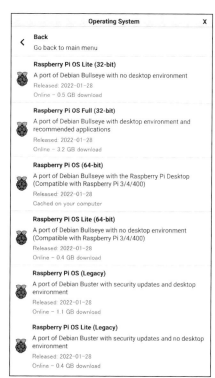

図1-5-9　Raspberry Pi Imager

トップ・メニュー（左）は「32bit現行版」(Bullseye)のみ選択可能。
サブ・メニュー（右）では、「64bit版」とともに「32bit旧版(llegacy)」を選択可能。

●「ラズパイ3」以降で動作

「32bitコード」は、ラズパイ全製品が実行できるため、これまで「32bit版」のOSが全機種共通でリリースされてきました。

「64bitコア」は、64bit命令セット「A64」に対応した「AArch64」アーキテクチャの「ARMv8-A」コア以降を組み込んでいる「SoC」のみが実行でき、「ラズパイ3」「4」「400」（キーボード一体型）、「Zero 2 W」および、同等の「compute module」（組込用）上でのみ動作します。

【公式ブログ】Raspberry Pi OS (64-bit)
https://www.raspberrypi.com/news/raspberry-pi-os-64-bit/

表1-4 歴代ラズパイ製品のアーキテクチャ（公式ブログより）

Product	Processor	ARM core	Debian/Raspbian ARM port (maximum)	Architecture width
Raspberry Pi 1	BCM2835	ARM1176	arm6hf	32bit
Raspberry Pi Zero				
Raspberry Pi 2	BCM2836	Cortex-A7	armhf	
Raspberry Pi Zero 2	BCM2710	Cortex-A53	arm64	64bit
Raspberry Pi 3				
Raspberry Pi 4	BCM2711	Cortex-A72		

■ 64bit版の特徴

●64bit命令セットの効率性

近年の「ARMコア」は「A64」に最適化されており、「64bitコード」のほうが全体的に高速に動作します（後述）。

●4GBの制限の撤廃

「32bit版」は各プロセスのメモリ空間が「4GB」、うち「1GB」はカーネルの予約領域で、1プロセスのメモリ空間は「最大3GB」でしたが、「64bit版」ではその制限がなくなります。

※ただし、現行のラズパイはRAMが最大でも「8GB」で、1プロセスで3GB超のRAMを使うアプリも特になく、メモリ空間拡大のメリットをすぐに実感することはないでしょう。

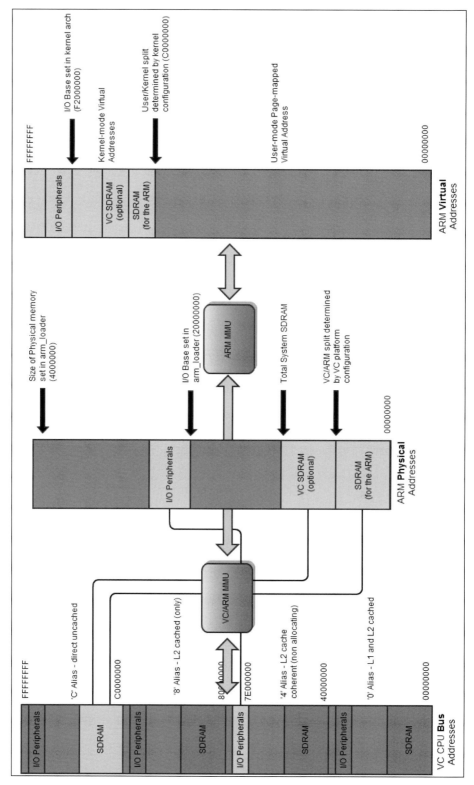

図1-5-10　BCM2835（ラズパイ Zero）のメモリマップ
Linux（右）のユーザーコンテキストで「0xC0000000以降」は kernel 領域。
http://www.raspberrypi.org/wp-content/uploads/2012/02/BCM2835-ARM-Peripherals.pdf

●picamera未サポート

「32bit版」の現行OS（Bullseye）でも、既存のカメラI/F「picamera」が非サポートになりましたが、互換性確保のために「picamera I/F」を有効にできました。

しかし、「picamera」（MMAL API）は「32bitコード」のため、「64bit版」では一切サポートされません。

●セキュアコンテンツの再生不可

64bit版同梱の「Chromium」ブラウザには、Widevineコンテンツ再生モジュール「WidevineCDM」が組み込まれておらず、「Netflix」ほか、動画配信サービスのコンテンツ（DRMコンテンツ）をブラウザ上で再生できません。

「32bit版Chromium」には「WidevineCDM」が組み込まれているため、ラズパイ財団はDRMコンテンツ再生時に、以下の手順で「32bit版ブラウザ」をインストールするようアナウンスしています。

【32bit版Chromiumへの切り替え】
```
sudo apt install chromium-browser:armhf libwidevinecdm0
```

【64bit版Chromiumへの再切り替え】
```
sudo apt install chromium-browser:arm64 libwidevinecdm0-
```

■ 動作の実際

●OSの表記

「64bit版」では、ディストリビュータID表記が、Linux標準の「Debian」になりました。

```
pi@raspberrypi:~ $ lsb_release -a
No LSB modules are available.
Distributor ID:   Debian
Description:   Debian GNU/Linux 11 (bullseye)
Release: 11
Codename:   bullseye
```

※64bit版のリリース情報表記。IDはDebian。

「32bit版」では「Raspbian」表記だったことから、今回の「64bit版」は「ラズパイ」を標準のLinuxディストリビューションに近づける一環と言えるでしょう。

```
pi@raspberrypi:~ $ lsb_release -a
No LSB modules are available.
Distributor ID: Raspbian
Description: Raspbian GNU/Linux 11 (bullseye)
Release: 11
Codename:   bullseye
```

※32bit版のリリース情報表記。IDはRaspbian

●UnixBench

　「32bit版」と「64bit版」を「UnixBench」で比較したところ、「64bit版」は全体（system bench hmark index score）値でおよそ「35％」のスコアアップでした。

　UIを操作していても、「32bit版」よりメニュー表示などが若干機敏な感じがします。

●OS呼び出しのオーバーヘッド

　OSの処理時間計測のうち、「system call overhead」（自プロセスIDをgetpid()で取得）はスコア64bit版のほうが大幅に低く、一方「execl throughput」（execl()によるプロセス・イメージの複成）は他と同様、「64bit版」のほうが、高スコアです。

　処理内容が単純で、カーネル呼び出し処理の比率が高いサービスでは、「64bit版」のパフォーマンスが「32bit版」より悪くなる可能性があります。

表1-5　「64bitOS」と「32bitOS」の比較

| 項目 | Index値 | | | | | |
| | 1プロセス | | | 4プロセス | | |
	64bit OS	32bit OS	Index比	64bit OS	32bit OS	Index比
Dhrystone 2 using register variables	1405.8	888.4	158%	5601.6	3468	162%
Double-Precision Whetstone	488.5	461.4	106%	1948.1	1844.5	106%
Execl Throughput	378.7	194.4	195%	1038.9	611.6	170%
File Copy 1024 bufsize 2000 maxblocks	325	217.2	150%	713.5	444.1	161%
File Copy 256 bufsize 500 maxblocks	223.7	142.2	157%	473.2	285.9	166%
File Copy 4096 bufsize 8000 maxblocks	658.6	428.9	154%	1256.1	925.8	136%
Pipe Throughput	138.1	71.4	193%	545.9	277.4	197%
Pipe-based Context Switching	85.2	72.9	117%	321	284.7	113%
Process Creation	229	105.3	217%	677.1	421.9	160%
Shell Scripts (1 concurrent)	821	561.5	146%	1840.8	1270.2	145%
Shell Scripts (8 concurrent)	1618.6	1106.5	146%	1708.4	1191.6	143%
System Call Overhead	92.5	325.4	28%	364.2	1239.3	29%
System Benchmarks Index Score	355.9	264.4	135%	965.2	743.9	130%

■ 64bit版OSへいつ移行すべきか

　「64bit版OS」の正式リリースは、Linux PCと同等の環境を目指す長期目標の重要なマイルストーンですが、ブラウザが「WidevineCDM」を未実装な点からも、依然、実験的リリースとも言えます。

　プラットフォームとしては、実績があり、技術情報が手に入りやすい「32bit legacy版」が無難ですが、「64bit版」の高速処理も魅力です。

　「ラズパイ」は、イメージすべてが「SDカード」（あるいは「USBメモリ」）に入っており、「SDカード」を交換するだけでOSを入れ替えることができます。
　利用形態に合わせ、「32bit現行版」、「legacy版」、「64bit版」を適時選択するといいでしょう。

1-6 技適未取得の外国製機器の実験的利用

　「Wi-Fi」や「Bluetooth」対応機器を外国から直接購入し、日本国内で「実験的に」使う場合、届け出が必要です。

■ 無線機器の技適取得

●国外事業者の技適未取得品の販売

　「ラズパイZero 2 W」が欧米で発売され、大手通販サイトでも並行輸入業者が、日本向けに販売しています。

　しかし、同機は日本の「技術基準適合証明（技適）」未取得で、Wi-Fi/Bluetoothの使用＝電波の発信は電波法に抵触します。

●無線局と免許

　Wi-Fi/Bluetooth対応機器（PC、キーボード含む）は電波法上、電波を発する「無線設備」で、使用者＝「無線従事者（免許取得者）」とあわせ「無線局」と呼びます。

　無線局は、一部例外を除き、免許の取得が義務付けられています。

　　　※電波を「受信」するだけのラジオは、無線設備と見なしません（電波法2-5）

●免許不要な無線局

　無線局は機器と使用者の組み合わせのため、無線機を更新したり、同じ無線機を他の人が使っても、免許の再取得が必要です。

　しかし、Wi-Fi/Bluetooth対応機器の各利用者への免許交付は現実的でないため、「適合表

示無線設備」の使用時は免許不要としています。

電波法 第四条
　…ただし次の各号に掲げる無線局については、この限りではない。
一　発射する電波が著しく微弱な無線局で総務省令で定めるもの。
二　（略）
三　空中戦電力が一ワット以下である無線局のうち…他の無線局にその運用を阻害する
ような混信その他の妨害を与えない…適合表示無線設備のみを使用するもの

※筆者下線

●適合表示無線設備

　「適合表示無線設備」は、製造・販売業者が「工事設計認証」「技術基準適合証明」のいずれかを取得した機器です。

　「工事設計認証」は、PC、ルータなど大量生産される製品について、設計、生産、検査工程を確認することで適合性を保証し、個々の製品の第三者検査は行ないません。

　数量が少ない場合、完成品を個別に検査し、使用する機器すべてについて「技術基準適合証明」を取得します。

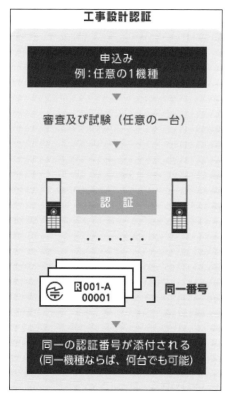

図1-6-1　TELEC サイトより

●技適マーク

適合製品は、「技適マーク」を製品に付けています。

【(一財)テレコムエンジニアリングセンター (TELEC)「技術基準適合証明及び工事設計認証の概要」】

https://www.telec.or.jp/services/tech/

図1-6-2　技適マーク

●ローミング

外国からの入国者がスマホやPCを持ち込む場合、各機器は技適未取得ですが、ケータイ、Bluetooth、Wi-Fiなどは、各規格に準拠している場合、90日以内の利用が認められています。

> 第四条の二　本邦に入国する者が、自ら持ち込む無線設備…を開設しようとするときは…適合表示無線設備でない場合であつても…入国の日から同日以後九十日を超えない範囲内で総務省令で定める期間を経過する日までの間に限り、適合表示無線設備とみなす。…

これはあくまでも、一時的な利用であり、恒久的な使用は認めていません。

■ 実験のための特例制度

外国で技適と同様の認証を得た機器を、「実験」に一時使用することが認められています。

●実験利用の条件

Wi-Fi、Bluetoothなど、国際規格に準拠し、他国で認証ずみの機器は、他の無線機器を妨害する可能性も少ないため、以下の条件を満たす場合、「実験のために」一時的に利用できます。

電波に関する外国の認証（FCC ID、CEマークなど）があること。
無線の規格、周波数帯などが、日本で認可されている範囲内であること。

●周波数帯は日本で認可されている範囲

表1-6のとおり、国外では5.9GHz帯の利用が進んでいますが、日本では未認可で、「5.2～5.6GHz帯」も利用が制限されています。

機器が利用が制限されている周波数帯を利用しないように設定します。

表1-6　国内で利用可能な周波数(左)と、諸外国の5.9GHz帯利用状況

規格	周波数帯	送信出力	使用場所 屋内	使用場所 屋外
Blue-tooth	2.4GHz	200mW以下	○	
Wi-Fi	2.4GHz帯 (2400-2497MHz)	200mW以下	○	○
	5.2GHz帯 (5150-5250MHz)			×
	5.3GHz帯 (5250-5350MHz)			×
	5.6GHz帯 (5470-5730MHz)			△

△:上空を除く

周波数帯	状況	国・地域
5925-7125MHz	認定	Brazil, Canada, Chile、Costa Rica, Guatemala, Honduras, Peru, Saudi Arabia, South Korea, US
	検討中	Columbia, Japan, Jordan, Kenya, Mexico, Qatar
5925-6425MHz	認定	Australia, Malaysia, Morocco, Norway, UAE, UK
	検討中	Argentina, Egypt, New Zealand, Oman, Tunisia, Turkey
5945-6425MHz	認定	EU
	検討中	CEPT(欧州郵便電気通信主管庁会議)
6425-7125MHz	検討中	Australia, UK

●**実験の範囲・期間**

実験内容に特段の規定はなく、届出後180日以内ならば使用できます。

第四条の二　2　…総務大臣が指定する技術基準に適合している無線設備を使用して実験等無線局(科学若しくは技術の発達のための実験、電波の利用の効率性に関する試験又は電波の利用の需要に関する調査に専用する無線機をいう。以下同じ)…総務大臣に届け出ることができる。…
3　前項の規定にある届出があつたときは…適合表示無線設備でない場合であつても…当該届出の日から同日以後百八十日を超えない範囲で…適合表示無線設備とみなす…

実験終了後は「廃止届」を提出します。

■ 登録の実際

性能評価のために「ラズパイ Zero 2 W」を実際に登録しました。

●**仕様の確認**

無線の仕様を確認すると、「2.4GHz 802.11 b/g/n wireless LAN」と「Bluetooth 4.2」で、日本で認可されている範囲でした。

【ラズパイ Zero 2 W 公式ページ】
https://www.raspberrypi.com/products/raspberry-pi-zero-2-w/

●総務省サイトで登録

総務省のサイト（https://exp-sp.denpa.soumu.go.jp/public/）右上の「新規ユーザ登録」から
本人確認の上、ユーザ登録します。

図1-6-3　総務省サイト

●アカウントの作成

メールアドレスの登録、ワンタイムパスワードによる二段階認証、法人・個人の区別、住所
氏名の登録後、本人確認を行ないます。

e-Tax（国税電子申告）と同様、マイナンバーカードで即時完了します。
ブラウザに「マイナポータルAP」プラグインをインストール、ICカード・リーダにマイナ
ンバーカードを挿入してパスワードを入力すると、認証完了です。

図1-6-4　ICカードリーダに「マイナンバーカード」を挿入

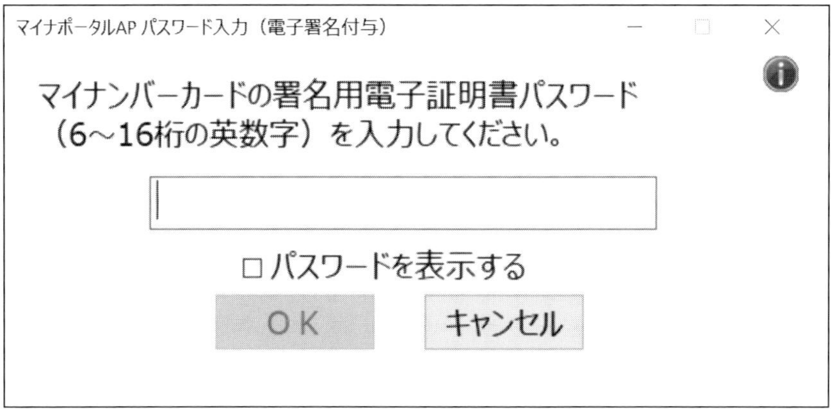

マイナポータルAP パスワード入力（電子署名付与）　　　　　　　　　　　　─　　□　　✕

マイナンバーカードの署名用電子証明書パスワード（6～16桁の英数字）を入力してください。

□ パスワードを表示する

ＯＫ　　　　キャンセル

図1-6-5　「マイナンバーカード」のパスワード入力で認証完了

●開設届出

「開設届出」をクリックし、機器の情報（シリアル番号、無線規格）を入力すると、届出内容が返信されます。

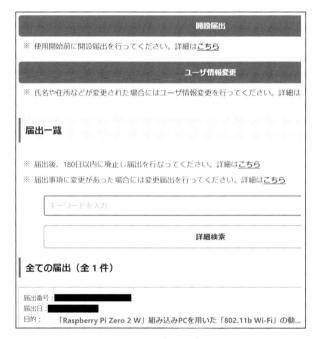

図1-6-6　ログイン時画面

●廃止届出

実験が終了したら、再度ログインして届出内容を選択、廃止日を入力して廃止届を提出します。

第2章

「Raspberry Pi」の拡張ボード

本章では、「ラズパイ」の標準拡張ボード規格、「HAT」の概要解説と、代表的な「HAT」製品を紹介します。

2-1 拡張ボード規格の概要

■ ラズパイ標準の「拡張ボード規格」

●本体に重ねる「拡張ボード」

ラズパイ本体基板上のGPIOピンヘッダは、「初期モデル」(ラズパイ1)と「Pico」を除き、電気、ソフト仕様が共通です。

また、物理的な位置も「ラズパイ3」「4」「Zero」シリーズ間で同じ位置にあるため、ラズパイに「スタックする」(重ねる)拡張ボード「HAT」(hardware attached on top)が多く発売されています。

基板の四隅にはスペーサ(支え)用の穴が空いており、ラズパイのピンヘッダと「HAT」のソケットをつなぎ、「スペーサ」で固定します。

ラズパイのライバルとなる教育用コンピュータ・キット「Arduino」では、本体に拡張基板をスタックする「シールド」が普及しており、何段もシールドを重ねる使い方もされています。

【HAT仕様】

https://github.com/raspberrypi/hats

●デバイス情報を収納するEEPROM

「HAT」は、「デバイス情報」(デバイス・ツリー)を「EEPROM」に収納しています。

「HAT」をスタックすると、EEPROMが「GPIOピン27/28」(ID_SC/ID_SD)に接続され、「ラズパイ」から「EEPROM内」の情報を読み、どの「HAT」が接続されているか判定できます。

※なお、「ID_SC」「ID_SD」は、「HAT」のEEPROM専用で、「HAT」未接続時も他の用途に使いません。

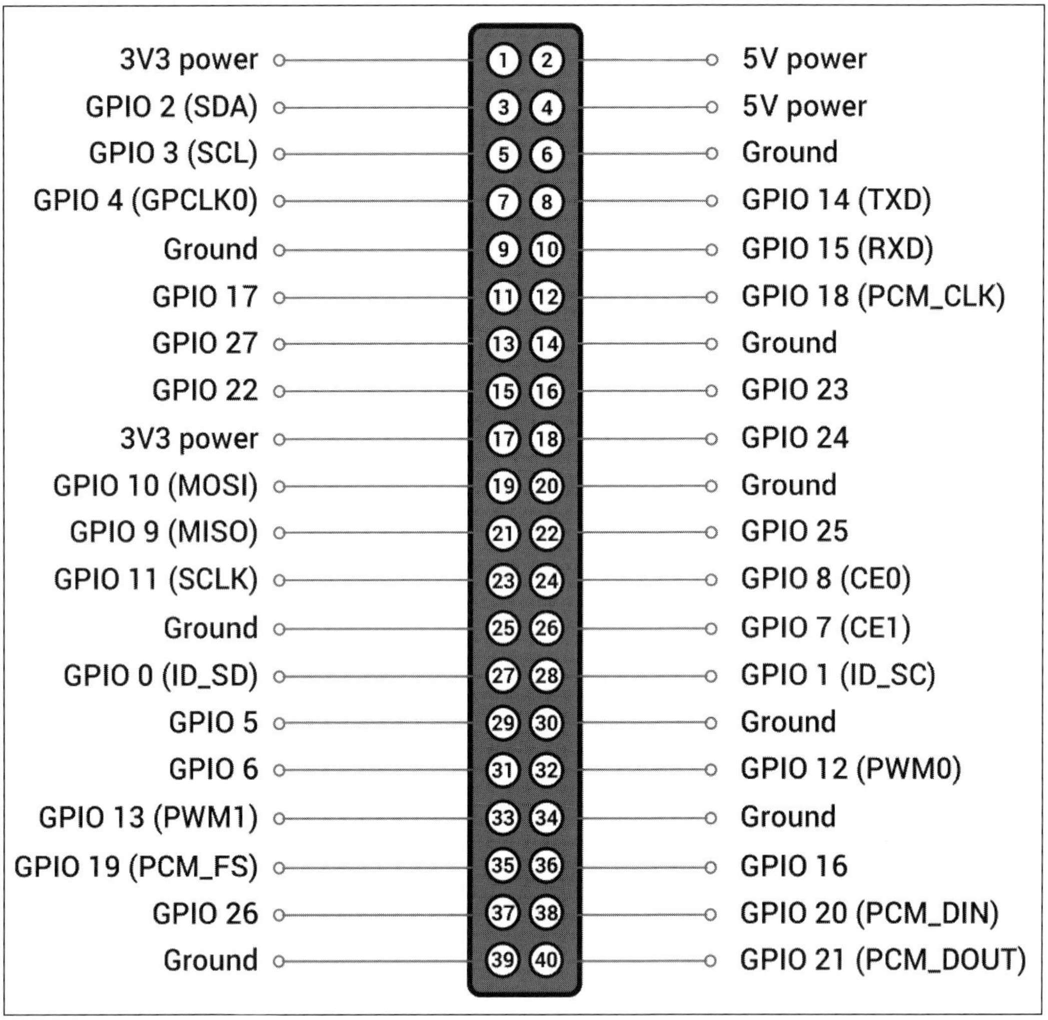

3V3 power	① ②	5V power
GPIO 2 (SDA)	③ ④	5V power
GPIO 3 (SCL)	⑤ ⑥	Ground
GPIO 4 (GPCLK0)	⑦ ⑧	GPIO 14 (TXD)
Ground	⑨ ⑩	GPIO 15 (RXD)
GPIO 17	⑪ ⑫	GPIO 18 (PCM_CLK)
GPIO 27	⑬ ⑭	Ground
GPIO 22	⑮ ⑯	GPIO 23
3V3 power	⑰ ⑱	GPIO 24
GPIO 10 (MOSI)	⑲ ⑳	Ground
GPIO 9 (MISO)	㉑ ㉒	GPIO 25
GPIO 11 (SCLK)	㉓ ㉔	GPIO 8 (CE0)
Ground	㉕ ㉖	GPIO 7 (CE1)
GPIO 0 (ID_SD)	㉗ ㉘	GPIO 1 (ID_SC)
GPIO 5	㉙ ㉚	Ground
GPIO 6	㉛ ㉜	GPIO 12 (PWM0)
GPIO 13 (PWM1)	㉝ ㉞	Ground
GPIO 19 (PCM_FS)	㉟ ㊱	GPIO 16
GPIO 26	㊲ ㊳	GPIO 20 (PCM_DIN)
Ground	㊴ ㊵	GPIO 21 (PCM_DOUT)

図2-1-1　「ラズパイ４」のピン・レイアウト
下から７番目の左右が、「ID_SD」「ID_SC」。

● 「HAT」と「uHAT」(pHAT)

　拡張ボードの大きさは、「ラズパイ３」「４」「Zero」シリーズに合わせて2種類規格化されて
います。

　「ラズパイ３」「４」用は「HAT」、「Zero」シリーズ用は「uHAT」(マイクロHAT)と呼びます。

　ただし、「uHAT」の大きさのHAT製品の大半は、「uHAT」ではなく、非公式名称の「pHAT」
と呼称しています。

　「pHAT」は財団管理の商標ではないため、pHAT製品の中には、「HAT」「uHAT」では必須
の「EEPROM」を省略(非搭載)しているものもあるようです。

●Pythonライブラリ

「HAT」を電気的に見ると、基板上のデバイスがラズパイ本体のGPIOピンにアサインされているI/Fに結線されており、「UART」「I²C」「SPI」を通じてデバイスを制御します。

製品によっては専用の「Pythonパッケージ」（ライブラリ）が用意されていることもありますが、デバイス汎用のPythonパッケージで制御することもあります。

ラズパイ関連機器メーカー大手の米Adafruit Industries社は、同社製品用に数多くのデバイス汎用のPythonパッケージをリリースしており、パーツショップでデバイス単品を購入して使う際も、同社製パッケージを利用できることがあります。

●機構仕様

「HAT」は、ラズパイ本体の「USB」「有線LAN」コネクタを除く部分に載せます。

四隅の穴にスペーサを置き、本体とつないで、ピンヘッダに負担がかからないようにします。

図2-1-2 「HAT」の接続例
上の基板が「HAT」。四隅の穴はラズパイと一致している。
(Adafruit Ultimate GPS HAT)

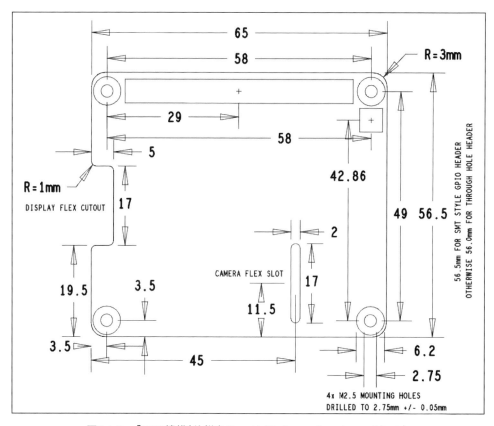

図2-1-3 「HAT機構」仕様（https://github.com/raspberrypi/hats）

■ uHAT

●ラズパイZero用HAT

2018年10月に、ラズパイZeroに合わせた「uHAT」(micro-HAT)が規格化されました。

図2-1-4 「uHATサイズ」の製品をラズパイに搭載（英Pimoroni社）

「uHAT」は大きさが異なるのみで、電気的仕様は同一のため、「ラズパイ3」「4」にも接続できます。

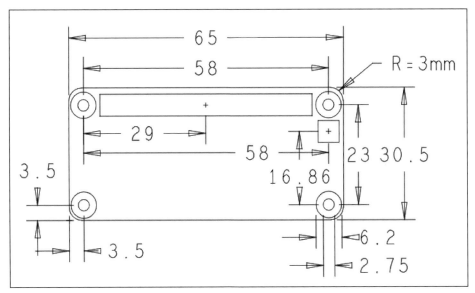

図2-1-5 「uHAT機構」仕様(https://github.com/raspberrypi/hats)

■ ピンヘッダの拡張

●GPIOエクステンダ

キーボード一体型「Raspberry Pi 400」では、キーボード横面にピンヘッダがあり、HAT基板を固定できないため、延長ケーブルで接続します。

図2-1-6　40 Pin GPIO Extension Cable（Adafruits）

●拡張アダプタ

基板上にピンヘッダがないHATと他のデバイスを同時に使うため、ピンを分岐するアダプタが販売されています。

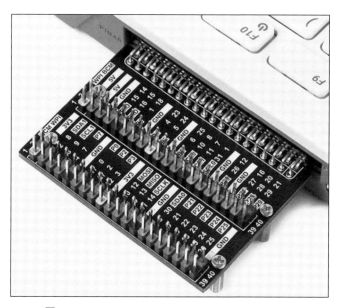

図2-1-7　Raspberry Pi 400 GPIO Header Adapter

（中国 Waveshare： https://www.waveshare.com/pi400-gpio-adapter-b.htm）

2-2 HATカタログ

代表的な「HAT」を紹介します。

「HAT」は、予告なく生産終了、仕様変更、後継製品へ切り替えられることがあるので、購入前に、メーカーやウェブサイトで、製品仕様を確認してください。

■ センサ

センサは、基板に対して小さいため、複数のセンサをまとめて実装した製品もあります。

●空気質センサ

英Pimoroni「Enviro+Air quality Hat」は、温度、湿度、気圧、照度、ガス、PM2.5センサと、0.96インチLCDを備え、各種測定結果を表示できる、オール・イン・ワンのpHATです。

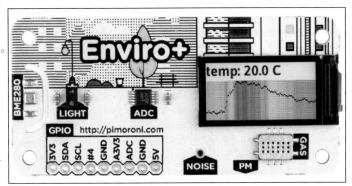

図2-2-1 「Enviro+Air quality Hat」
https://shop.pimoroni.com/products/enviro

●GPS

「Adafruit Ultimate GPS HAT」は、「GPSセンサ」と「RTC」(realtime clock)を搭載した「HAT」です。

GPSデータから、「位置」と「時刻情報」を取得。コイン電池でバックアップされた「RTC」に、時刻を保持できます。

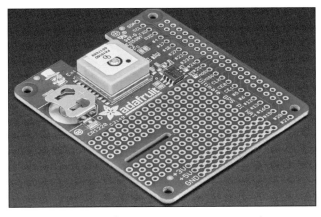

図2-2-2 「Adafruit Ultimate GPS HAT」
https://www.adafruit.com/product/2324

■ 制御

●PWMサーボ

「Adafruit 16-Channel PWM/Servo HAT」は、16チャネルのPWMと、モーター制御時に本体ACに負荷をかけないためのAC入力をもつ、汎用の制御ボードです。

図2-2-3 「Adafruit 16-Channel PWM/Servo HAT」
https://www.adafruit.com/product/2327

●LEGOマインドストームI/F

「Raspberry Pi Build HAT - LEGO Robotics Add-On」は、LEGOのモーター、センサ、スイッチを制御する「HAT」です。

図2-2-4 「LEGO Robotics Add-On」
https://www.adafruit.com/product/5287

■ ディスプレイ

●単色OLEDディスプレイ

「HAT」ではありませんが、「Adafruit PiOLED - 128x32 Monochrome OLED Add-on for Raspberry Pi」は、ハンダ付けなしで、1インチOLEDディスプレイをつなげるキットです。

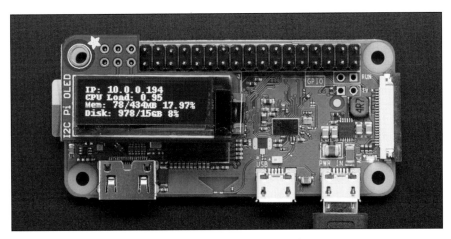

図2-2-5 「Adafruit PiOLED」
https://www.adafruit.com/product/3527

●三色eInkディスプレイ

「Pimoroni Inky pHAT eInk Display」は、白黒赤三色表示のeInkディスプレイです。

図2-2-6 「Pimoroni Inky pHAT eInk Display」
https://www.adafruit.com/product/3743

●LEDドット・ディスプレイ

「Adafruit Raspberry Pi Sense HAT」は、8×8のRGB LEDとともに、「角度」「気圧」「気温」「湿度」センサを備えます。

国際宇宙ステーションISSで、ラズパイを使う「Aero Pi」ミッションに用いられました。

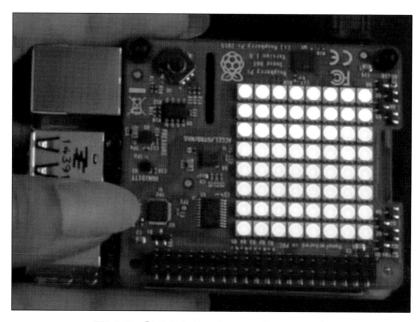

図2-2-7　「Adafruit Raspberry Pi Sense HAT」
https://www.adafruit.com/product/2738

●大型LEDドット・ディスプレイ

「Adafruit RGB Matrix HAT + RTC」は、より大型のLEDディスプレイです。

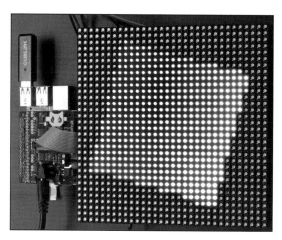

図2-2-8　「Adafruit RGB Matrix HAT + RTC」
https://www.adafruit.com/product/2345

■ オーディオ

　低価格を実現するため、ラズパイ本体のイヤホンジャックの音質は最低限で、高音質の音楽再生時は、「HAT」が必須です。

●DAC

　「IQaudio DAC+」は、米TI製DAC「TPA6133A」を搭載、イヤホンジャックに「24bit/192KHz」ステレオ・オーディオを出力します。

　ボード上にGPIOピンを備え、他の「HAT」をスタックできます。

図2-2-9　「IQaudio DAC+」
https://shop.pimoroni.com/products/pi-dac

●キーボード

　英Pimoroni「Piano HAT」は、鍵盤を模した16個のタッチキーを備える、シーケンサ用キーボードです。

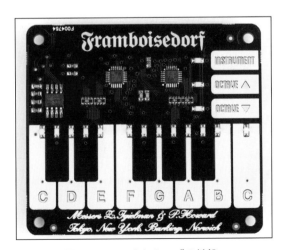

図2-2-10　1オクターブの鍵盤
右上は音色と音階の上下「Instrument」、「Octave△」「Octave▽」
https://shop.pimoroni.com/products/piano-hat

■ 電源

●無停電電源装置 (UPS)

中国Waveshare社の「Uninterruptible Power Supply UPS HAT」は、ラズパイZeroの底面に接続し、電源断時にバッテリから電源を供給します。

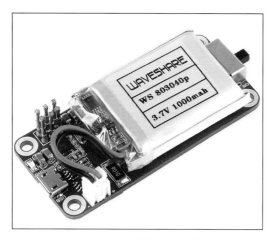

図2-2-11 「Uninterruptible Power Supply UPS HAT」
ラズパイZeroの下面に「UPS」、上面に他の「pHAT」を接続。
https://www.waveshare.com/ups-hat-c.htm

●PoE+ HAT

「ラズパイ3B+」[※]「ラズパイ4」の「PoE給電ピン」に、「PoE+」対応スイッチングハブのLANケーブルから給電すれば、AC電源が不要になります。

図2-2-12 「PoE+」対応の「HAT」
https://www.raspberrypi.com/products/poe-plus-hat/

※PoE給電ピンがあるもの。

「SoC」の冷却ファンも備え、本体規定の高さに収まっていますが、反面、ピンヘッダが HATに出ておらず、別の「HAT」をスタックできません。

■ 電子工作

● HAT自作ボード

Adafruit「Perma-Proto HAT」は、単なる基板ではなく、ボード認識用EEPROMを実装ず みで、規格に準拠した「HAT」を自作できます。

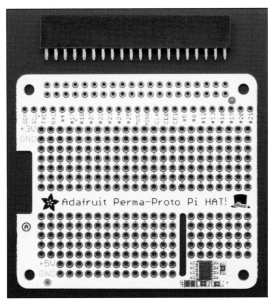

図2-2-13 「Perma-Proto HAT」
https://www.adafruit.com/product/2314(EEPROM実装)
https://www.adafruit.com/product/2310(EEPROM未実装)

■ 筐体

● Picade

「1,024×768」ドット（4対3比）IPSディスプレイ、スピーカー、ジョイスティック、ボタ ンを同梱する、「ゲーム筐体型のケース」です。

「レトロゲーム」を実行するためのソフト、「PICO-8」の使用権も付いており、ラズパイ用 のさまざまなゲームを実行できます。

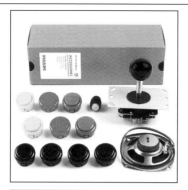

図2-2-14　Picade - Raspberry Pi Arcade Machine (10" display) with PICO-8
https://thepihut.com/products/picade-raspberry-pi-arcade-machine-10-display

■ Pico用Add-onボード

Pico用のHAT規格はなく、「HAT」と呼びませんが、同様のボードが発売されています。

●DiP-Pi PioT

「DiP-Pi PioT」は、Picoに「SDカードI/F」「Wi-Fi」「スライドスイッチ」「リセットボタン」を提供します。

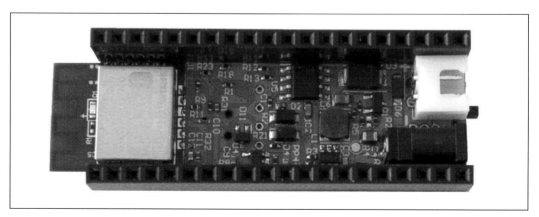

図2-2-15　「DiP-Pi PioT」
https://dip-pi.com/pico

注意点として、SDカードへのアクセスはサンプル・ソフトがあるものの、現時点でWi-Fiのサンプル・ソフトはなく、Wi-Fiのコントローラの制御手順や、MicroPythonでのコーディングに精通している必要があります。

●「Cytron Maker Pi Pico」(GPIOピン、ハンダずみのPico同梱)

本製品は、Pico用の開発ボードで、「リセットボタン」「プッシュボタン3つ」「RGB LED」「ブザー」「3.5mmステレオオーディオジャック」「microSDカードスロット」「グローブのコネクタ6つ」を備えます。

＊

各GPIOピンには「LED」が接続されており、視覚的にピンの「ON/OFF」を確認できます。

図2-2-16「Maker Pi Pico」

https://thepihut.com/collections/raspberry-pi-hats/products/maker-pi-pico-with-pre-soldered-pico

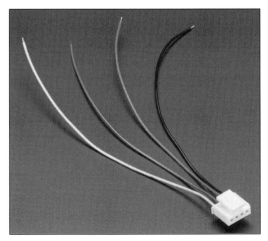

図2-2-17 グローブに接続するケーブル

図2-2-18 ONのGPIOのLEDが点灯

●Maker Pi Pico用Wi-Fiモジュール

「Maker Pi Pico」の専用スロットに装着する、「TCP/IPプロトコルスタック」を内蔵する「Wi-Fiモジュール」です。

図2-2-19 ESP-01 WiFi Serial Transceiver Module
https://thepihut.com/products/esp-01-wifi-serial-transceiver-module-esp8266

●1.3インチOLEDディスプレイ

Picoにかぶせる小型の「OLEDディスプレイ・モジュール」です。
「SPI」「I²C」I/Fで制御します。

図2-2-20 1.3" OLED Display Module for Raspberry Pi Pico (64×128)
https://thepihut.com/collections/raspberry-pi-hats/products/1-3-oled-display-module-for-raspberry-pi-pico-64x128

●**モータ駆動用**

DCモータに6～12Vを入力可能な、モータ駆動用のHATです。

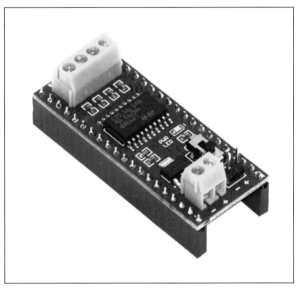

図2-2-21　Raspberry Pi Pico Motor Driver HAT
https://thepihut.com/products/raspberry-pi-pico-motor-driver-hat

「Raspberry Pi」のセットアップ

本章では、「Raspberry Pi」を実践で利用するために、「初期化の手順」
「OSのインストール」「ストレージの扱い方」「Raspberry Piの開発環境」
などを解説していきます。

3-1 　初期設定

「ラズパイ4」を想定し、初期化の手順を見ていきます。

■「microSDカード」に「ラズパイOS」をインストール

ラズパイの「ファイル・イメージ」はすべて「microSDカード内」に置くため、まず「OSイ
メージ」を書き込んだ「microSDカード」を作ります。

●「microSDカード」と「カードリーダ」

新品、あるいは書き込み内容がすべて消去されてかまわない、容量8GB以上の「microSD
カード」と「カードリーダ」を用意し、PCに接続します。

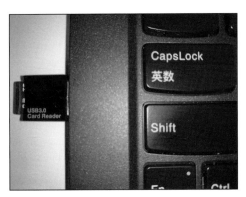

図3-1-1　「MicroSDカード」をPCに挿入

「ラズパイOS」のイメージが書き込まれた「microSDカード」が一部パーツショップで販
売されており、これを使うとカードリーダは不要ですが、さまざまな版やビルド構成（build
flavor）のOS (1-5参照)を適時インストールできるように、カードリーダを持っておくべき
です。

●「Raspberry Pi Imager」のインストール

　「microSD カード」をフォーマットし、OSを書き込むツール「Raspberry Pi Imager」のインストーラを「https://www.raspberrypi.com/software/」からダウンロード、実行します。

図3-1-2　インストーラのダウンロード画面
https://www.raspberrypi.com/software/

　特に選択項目もなくインストールが終了し、「Raspberry Pi Imager」が起動します。

図3-1-3　「Install」をクリック

図3-1-4　インストールが始まった

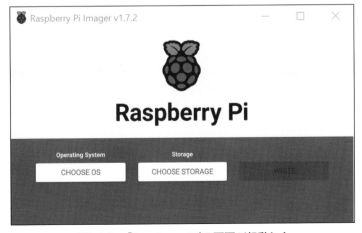

図3-1-5　「Finish」をクリック

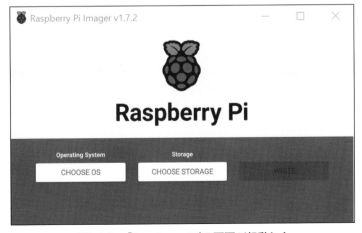

図3-1-6　「Raspberry Pi」の画面が起動した

●Raspberry Pi Imager

「CHOOSE OS」「CHOOSE STORAGE」をクリックし、インストールする「OSの種別」を選びます。

「OS」については、特段の事情がなければ、最初の「Raspberry Pi OS (32-bit)」を選択するのが無難でしょう。

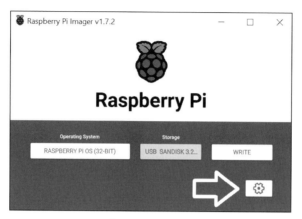

図3-1-07　「OS」と「ストレージ」を選ぶ

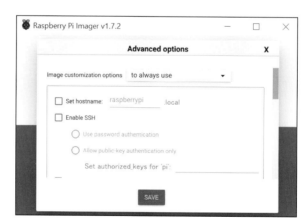

図3-1-08　設定値の入力画面
下にスクロールしていくとWi-Fiの設定項目が現われる。

＊

「OS」と「書き込み先ストレージ」を選択すると、「ギアアイコン」が現われます（**図3-1-7矢印部分**）。

ここをクリックすると、「ラズパイOS」のインストール時に入力する「各種設定値」を、あらかじめ決めておくことができます。

「国」「タイムゾーン」「キーボード種別」「Wi-Fiのアクセスポイント名/パスワード」を入力しておくと、あとが楽です。

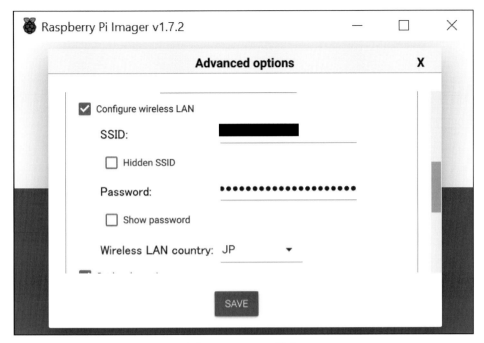

図3-1-9　Wi-Fiの設定

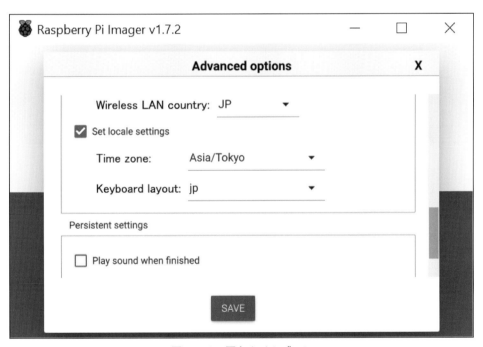

図3-1-10　国とタイムゾーン

　「SAVE」で初期設定値を保存して「WRITE」を押下すると、確認後にイメージを書き込みます。

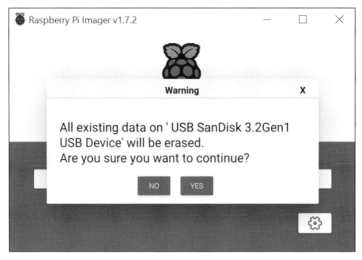

図3-1-11 確認画面

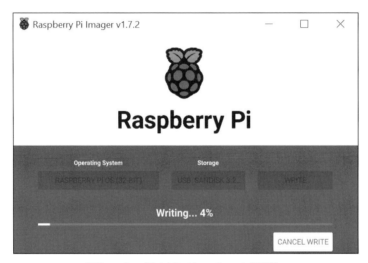

図3-1-12 「OS」のインストールを開始

　書き込み後、SDカードはLinux用のパーティションフォーマットになるため、PCが未初期化のmicroSDカードと勘違いしてフォーマットが必要か確認してきます。

　キャンセルして「microSDカード」を抜き、ラズパイ本体背面側の「microSDカードスロット」に差し込みます。

■ ラズパイの設置

●ケース

　そのままでも動作しますが、「microSDカード」を挿したら、本体をケースに収納するといいでしょう。

　公式ケースは前面を覆う単純な形状で安価ですが、「ヒートシンク」と「冷却ファン」を備えた、サードパーティ製品もあります。

　「SoC」はモバイル向けのため、一般的な使用法では放熱に神経質になる必要はありませんが、画像処理などの重い処理を連続して行なう場合は、配慮が必要です。

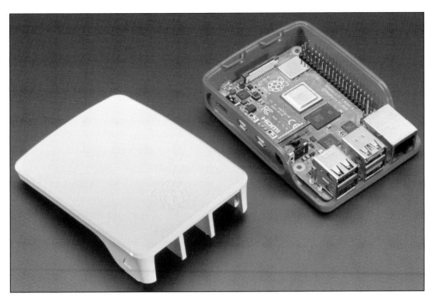

図3-1-13　公式ケース

図3-1-14　「ヒートシンク」と「冷却ファン」を備えた製品
Aluminum Metal Heatsink Raspberry Pi 4 Case with Dual Fans（米Adafruit）

●ケーブルの接続

「HDMI」コネクタに、「ディスプレイ」、「USB」ポートに「キーボード」と「マウス」をつなぎ、電源供給用の「USB」コネクタ(ラズパイ4ではUSB-C)に充電器を接続します。

専用の充電器も発売されていますが、スマホの充電器が使えそうです。

■ 初期設定

電源が入ると、自動的に初期化画面になります。

Bluetoothキーボード/マウスを使う場合は、対象機器を「ペアリング・モード」にしておきましょう。

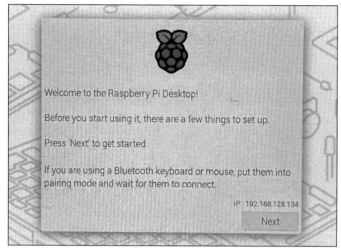

図3-1-15　Bluetooth機器を使うならペアリング・モードにする

「国」「タイムゾーン」「Wi-Fi設定」は、「Raspberry Pi Imager」に設定した値が入っているため、変更がなければ「Next」で画面を進めます。

図3-1-16　「Raspberry Pi Image」で設定した値になっている

　途中、「ユーザー名」を登録しますが、再起動後、「ユーザー名/パスワード」を入力せずにラズパイが起動するため、セキュリティ管理を行なわないならば、適当な名前でかまいません。

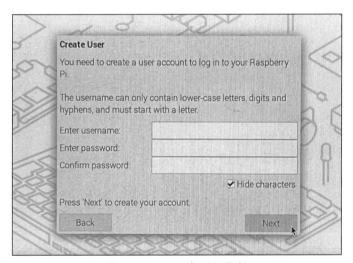

図3-1-17　ユーザー名の登録

●最新イメージへのアップデート
　最後に、「OS」を最新のリリースイメージにアップデートします。

　「Wi-Fi」か「有線LAN」を接続していれば、自動的に最新版になります。
　インストール時の初期イメージは版が古く、さまざまな問題が残っているため、この初期設定のタイミングでアップデートするといいでしょう。

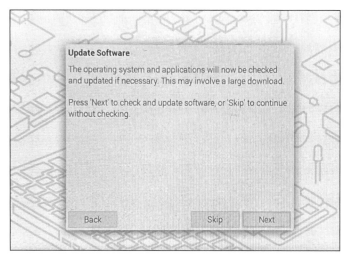

図3-1-18　OSを最新のものにアップデートしておく

　もし、この段階でネットワークを用意できない場合、後でアップデートします。

　ラズパイメニューの右のWindows PCの"コマンド・プロンプトに似たアイコン"を押下して、「LXTerminal」を起動し、以下のコマンドを入力すると、「インストールしているソフト一覧の更新」「最新イメージへの更新」を順に行ないます。

```
sudo apt update
sudo apt upgrade
```

図3-1-19　「LXTerminal」を起動

3-2　「ストレージ」の扱い方

　「ラズパイ4」では、従来の「micro SDカード」に加え、「USB Flash ドライブ」もストレージとして使えます。

■「ラズパイ4」が対応する記憶デバイス
●「Micro SDカード」と「USBデバイス」

　ラズパイ本体は「SoC」「RAM」「Wi-Fi」などの周辺ICのみで構成され、記憶デバイス(ストレージ)は、ユーザーが取り付けます。

　対応するI/Fは搭載している「SoC」に依存し、「ラズパイ4」「400 (PC一体型)」「Compute Module 4」は、「micro SDカード」と「USBドライブ」のどちらにも対応しています。

図3-2-1　ラズパイ4の裏面
左枠に「micro SDカード」、右枠の「USB3.0コネクタ」に「Flashドライブ」を挿入。
双方のメディアを設定した場合は、起動の優先順位を設定できる（後述）。

●可搬なストレージ

　ストレージには、「ラズパイOSのイメージ」「アプリ」「ユーザーファイル」がすべて収納されているため、「ストレージメディア」を抜き、同じ機種の別のハードウェアに挿入して、作業環境をそっくり移すことができます。

●フォーマット

　「ブートローダ」は「FAT32」のみ対応のため、ストレージ内に「253MB」の「FAT32領域」を確保し、ブートローダ用の「OSのブートイメージ」を収納しています。

　「ラズパイOS」が管理する（通常の）ファイルの収納領域は、Linux標準の「ext4」に対応、「32GB超」の大容量SDカードが使え、「4GB超」の大きなファイルを収納できます。

　ストレージ内の「パーティション」（区画）は、「df -Th」コマンドで確認できます。
　たとえば、以下の例では16GB中「vfat」が253MB、残りの15GB超は「ext4」、「tmpfs」はRAM上に確保された「一時ファイル領域」です。

```
pi@raspberrypi:~ $ df -Th
    ファイルシステム     タイプ     サイズ   使用   残り  使用%
/dev/root            ext4        15G   12G   1.8G  87%/
devtmpfs             devtmpfs    1.8G    0   1.8G  0%/dev
tmpfs                tmpfs       1.9G    0   1.9G  0%/dev/shm
tmpfs                tmpfs       768M  1.3M  767M  1%/run
tmpfs                tmpfs       5.0M  4.0K  5.0M  1%/run/lock
/dev/mmcblk0p1       vfat        253M   49M  204M  20%/boot
tmpfs                tmpfs       384M   28K  384M  1%/run/user/1000
pi@raspberrypi:~ $
```

●推奨容量

公式ドキュメントによると、「8GB」あれば通常のデスクトップ環境を使えますが、アプリやファイルを多数収納する予定がある場合、「16GB以上」用意するといいです。

構　成	推奨容量
ラズパイOS＋デスクトップ環境＋推奨ソフト（フルインストール）	16GB
ラズパイOS＋デスクトップ環境＋推奨ソフト（最小構成）	8GB
ラズパイOSライト（デスクトップ環境なし）	4GB

以前の機種では「SoC」の制限から、「256GB超」のSDカードから起動できませんでしたが、「ラズパイ3」「4」「Zero 2 W」「400（キーボード一体型機）」では制限がなく、予算が許せば大容量のSDカードを使えます。

【ラズパイ財団公式資料】SD Card for Raspberry Pi - Recommended Capacity
https://www.raspberrypi.com/documentation/computers/getting-started.html#recommended-capacity

■ コマンドラインから「ブートローダ」をアップデート

「ブートローダ」のアップデートは、「コマンドライン」「ラズパイメニュー」のどちらでもできます。

●「ブートローダ」の役目

「ブートローダ」は電源ON後、「ストレージ」から「OSのブートイメージ」を、「本体RAM」に読み込み、「OSを起動させるプログラム」です。

ラズパイでは、「SoC内」の「EEPROM」に収納されています。

「ブートローダ」は、OS起動以降の本体動作に影響を与えないため、「動作に問題がなければ」最新のブートローダに更新する必要はありません。

●アップデートのリスク

更新中の予期しない「OSのクラッシュ」など、極めて希ですが、避けようのない更新の失敗も考えられます。

「ブートローダ」のイメージが壊れると、電源投入後にOSを読み込まなくなり、その基板は使えなくなるため、安易なアップデートは避けてください。

> ※「ラズパイ4」の「USBブート対応」は2020年9月3日以降のため、本体の「ブートローダ」がそれより古くて「USBブート」を行なう場合は、「アップデート」が必要です。

●「ブートローダ」の版の確認

「LXTerminal」で、以下のコマンドを実行します。

```
sudo rpi-eeprom-update
```

「EEPROM内」の「ブートローダ」(CURRENT)と、最新のオフィシャルリリースイメージ(LATEST)のビルド日時を表示します。

```
pi@raspberrypi:~ $ sudo rpi-eeprom-update
*** UPDATE AVAILABLE ***
BOOTLOADER: update available
   CURRENT: 2021年  2月 16日 火曜日 13:23:36 UTC (1613481816)
    LATEST: 2022年  1月 25日 火曜日 14:30:41 UTC (1643121041)
   RELEASE: default (/lib/firmware/raspberrypi/bootloader/default)
            Use raspi-config to change the release.

  VL805_FW: Dedicated VL805 EEPROM
     VL805: up to date
   CURRENT: 000138a1
    LATEST: 000138a1
pi@raspberrypi:~ $
```

●アップデート

以下のコマンドで、最新のイメージを「EEPROM」に書き込むことができます。

```
sudo rpi-eeprom-update -a
```

書込終了後リブートすると、新しい「ブートローダ」でOSを読み込みます。

```
pi@raspberrypi:~ $ sudo rpi-eeprom-update -a
*** INSTALLING EEPROM UPDATES ***
…(略)…
  VL805_FW: Dedicated VL805 EEPROM
```

↰

```
     VL805: up to date
   CURRENT: 000138a1
    LATEST: 000138a1
   CURRENT: 2021年  2月 16日 火曜日 13:23:36 UTC (1613481816)
    UPDATE: 2022年  1月 25日 火曜日 14:30:41 UTC (1643121041)
    BOOTFS: /boot

EEPROM updates pending. Please reboot to apply the update.
To cancel a pending update run "sudo rpi-eeprom-update -r".
pi@raspberrypi:~ $
```

　最後のメッセージのとおり、書込終了後、リブートする（＝ブートローダが動作する）前ならば、以下のコマンドでアップデートを取り消せます。

```
sudo rpi-eeprom-update -r
```

●更新内容の確認

　ラズパイメニューから「ログアウト」-「Reboot」で端末をリブートさせ、再度「ブートローダ」の版を確認すると、最新になっています。

```
pi@raspberrypi:~ $ sudo rpi-eeprom-update
BOOTLOADER: up to date
   CURRENT: 2022年  1月 25日 火曜日 14:30:41 UTC (1643121041)
    LATEST: 2022年  1月 25日 火曜日 14:30:41 UTC (1643121041)
   RELEASE: default (/lib/firmware/raspberrypi/bootloader/default)
            Use raspi-config to change the release.

  VL805_FW: Dedicated VL805 EEPROM
     VL805: up to date
   CURRENT: 000138a1
    LATEST: 000138a1
pi@raspberrypi:~ $
```

■「ラズパイメニュー」から「ブートローダ」をアップデート

　「UI」からも、「ブートローダ」のアップデートができます。

●「ブートローダ」のアップデート
[手順]

[1]　LXTerminalから、以下のコマンドで「raspi-config」を呼び出します。

```
sudo raspi-config
```

[2]　「6 Advanced Options」-「A7 Bootloader Version」と選んでいきます。

```
┌──┤ Raspberry Pi Software Configuration Tool (raspi-config) ├──┐
│                                                                │
│  1 System Options        Configure system settings            │
│  2 Display Options       Configure display settings           │
│  3 Interface Options     Configure connections to peripherals │
│  4 Performance Options   Configure performance settings       │
│  5 Localisation Options  Configure language and regional settings │
│  6 Advanced Options      Configure advanced settings          │
│  8 Update                Update this tool to the latest version │
│  9 About raspi-config    Information about this configuration tool │
```

図3-2-2　「6　Advanced Options」を選ぶ

```
┌──┤ Raspberry Pi Software Configuration Tool (raspi-config) ├──┐
│                                                                │
│  A1 Expand Filesystem        Ensures that all of the SD card is available │
│  A3 Compositor               Enable/disable xcompmgr composition manager │
│  A4 Network Interface Names  Enable/disable predictable network i/f names │
│  A5 Network Proxy Settings   Configure network proxy settings │
│  A6 Boot Order               Choose network or USB device boot │
│  A7 Bootloader Version       Select latest or default boot ROM software │
```

図3-2-3　「A7　Bootloader version」を選ぶ

[3]　「E1. Latest」で最新イメージを選択します。

```
┌──┤ Raspberry Pi Software Configuration Tool (raspi-config) ├──┐
│                                                                │
│  E1 Latest  Use the latest version boot ROM software          │
│  E2 Default Use the factory default boot ROM software         │
```

図3-2-4　最新イメージを選ぶ

[4]　最終確認に「はい」を選択します。

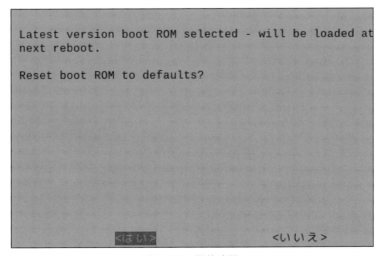

```
Latest version boot ROM selected - will be loaded at
next reboot.

Reset boot ROM to defaults?




                 <はい>              <いいえ>
```

図3-2-5　最終確認

更新中は一瞬、「rpi-eeprom-update」と同様の表示が表われ、更新処理としてはコマンドラインと同様であることが分かります。

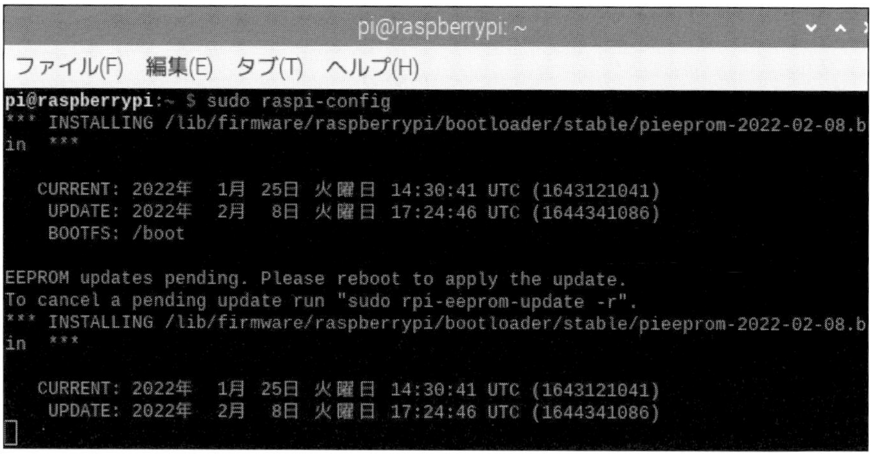

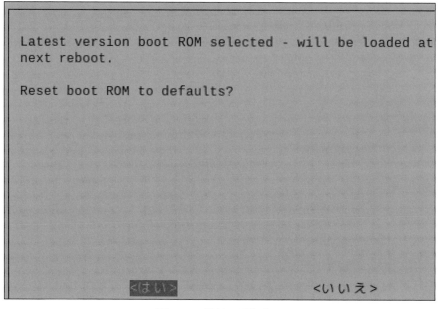

pi@raspberrypi: ~
ファイル(F) 編集(E) タブ(T) ヘルプ(H)
pi@raspberrypi:~ $ sudo raspi-config
*** INSTALLING /lib/firmware/raspberrypi/bootloader/stable/pieeprom-2022-02-08.bin ***
CURRENT: 2022年 1月 25日 火曜日 14:30:41 UTC (1643121041)
UPDATE: 2022年 2月 8日 火曜日 17:24:46 UTC (1644341086)
BOOTFS: /boot
EEPROM updates pending. Please reboot to apply the update.
To cancel a pending update run "sudo rpi-eeprom-update -r".
*** INSTALLING /lib/firmware/raspberrypi/bootloader/stable/pieeprom-2022-02-08.bin ***
CURRENT: 2022年 1月 25日 火曜日 14:30:41 UTC (1643121041)
UPDATE: 2022年 2月 8日 火曜日 17:24:46 UTC (1644341086)

図3-2-6 「rpi-eeprom-update」と同様の更新中表示

[5] 更新内容を有効にするか、最終確認があります。

<はい>を選択、メニューを終了すると端末がリブートし、「更新したブートローダ」が有効になります。

Latest version boot ROM selected - will be loaded at next reboot.
Reset boot ROM to defaults?
<はい>
<いいえ>

図3-2-7 更新の最終確認

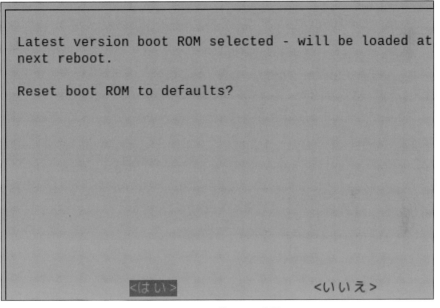

```
┌─ Raspberry Pi Software Configuration Tool (raspi-config) ─┐
  1 System Options        Configure system settings
  2 Display Options       Configure display settings
  3 Interface Options     Configure connections to peripherals
  4 Performance Options   Configure performance settings
  5 Localisation Options Configure language and regional settings
  6 Advanced Options      Configure advanced settings
  8 Update                Update this tool to the latest version
  9 About raspi-config    Information about this configuration tool



              <Select>                    <Finish>
```

図3-2-8　メインメニューに戻り、<Finish>を選択

```
    Latest version boot ROM selected - will be loaded at
    next reboot.

    Reset boot ROM to defaults?




                 <はい>                     <いいえ>
```

図3-2-9　リブートの確認
この後、自動的にリブートする。

■「ブートストレージ」の優先順位

　「MicroSDカード」と「USBドライブ」の両方を本体に設定している場合、どちらを優先するか指定できます。

●マルチブート

　「ラズパイ4」の「ブートローダ」の最新版は、デフォルトで「SDカード」→「USBメモリ」の順にOSを探すため、「SDカード」を挿入せず、ラズパイOSインストールした「USBドライブ」を挿入しておくと、「USBドライブから起動」します。

ただし、「SDカード未挿入時」は、「diagnostics画面」で5秒間待機後、「USBドライブ」を参照するため、「SDカード」を使わないならば、ブート順を「USBドライブ優先」にしておくといいでしょう。

図3-2-10　diagnostics画面（ラズパイ財団資料より）

●ブート順の設定

raspi-configから「6 Advanced Options」-「A6 Boot Order」で、「micro SDカード」と「USBドライブ」の、どちらを先に参照するか指定します。

```
┌──┤ Raspberry Pi Software Configuration Tool (raspi-config) ├──┐

  1 System Options       Configure system settings
  2 Display Options      Configure display settings
  3 Interface Options    Configure connections to peripherals
  4 Performance Options  Configure performance settings
  5 Localisation Options Configure language and regional settings
  6 Advanced Options     Configure advanced settings
  8 Update               Update this tool to the latest version
  9 About raspi-config   Information about this configuration tool
```

図3-2-11　「6 Advanced Options」

```
┌──┤ Raspberry Pi Software Configuration Tool (raspi-config) ├──┐

  A1 Expand Filesystem      Ensures that all of the SD card is available
  A3 Compositor             Enable/disable xcompmgr composition manager
  A4 Network Interface Names Enable/disable predictable network i/f names
  A5 Network Proxy Settings Configure network proxy settings
  A6 Boot Order             Choose network or USB device boot
  A7 Bootloader Version     Select latest or default boot ROM software
```

図3-2-12　「A6. Boot Order」

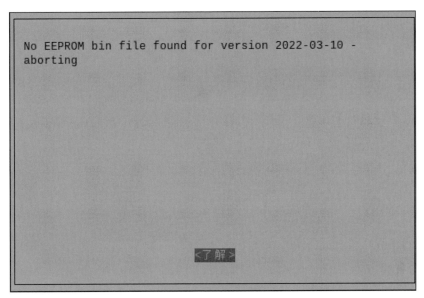

```
┤ Raspberry Pi Software Configuration Tool (raspi-config) ├
B1 SD Card Boot Boot from SD Card if available, otherwise boot from USB
B2 USB Boot      Boot from USB if available, otherwise boot from SD Card
B3 Network Boot Boot from network if SD card boot fails
```

図3-2-13 「SDカード」と「USBドライブ」の優先順位設定

●優先順位の書き込みエラーが発生した場合

「ブートローダ」を最新版にアップデートし、工場出荷イメージと相違が出ると、「A6 Boot Order」の設定書き込み時に、(想定していた)「EEPROM bin file」なしとエラーが出ることがあります。

```
No EEPROM bin file found for version 2022-03-10 -
aborting




                        <了解>
```

図3-2-14 エラー画面

これは、ラズパイメニューが変更対象と考えているブート・ローダ(工場出荷イメージ)と、実際に有効なブート・ローダ(最新版)が一致しないために起こります。

ラズパイメニューで「6 Advanced Options」-「A7 Bootloader Version」-「E1. Latest」を選択すると、エラーが出なくなるでしょう。
(前述「ラズパイメニューからのブートローダのアップデート」)

■「USBドライブ」のメリット

●大容量ドライブの接続

USBドライブは、SDカードと比べて大容量の製品が多く販売されており、大容量の本体記憶域が必要な場合に重宝します。

ただし、外付けハードディスクのように消費電力が大きく、バスマスター(USBコネクタ

からの給電で動作)方式の製品の場合、ラズパイのUSB給電が本体動作に不充分で、安定動作しないことがあります。

バスマスター方式のストレージの場合、別途「ACアダプタ」を付けて直接給電できる製品を選ぶといいでしょう。

3-3 Python開発環境

「ラズパイOS」には、「Pythonインタープリタ」と「統合開発環境：Thonny Python IDE」がインストールされており、すぐに「Python」を使うことができます。

■ Pythonインタープリタ

「Python」は逐次処理型の処理系(インタープリタ)で、テキスト形式のPythonスクリプト(プログラム)を与えて実行する他に、一命令ずつ入力して動作を確認することもできます。

●インストール

「Windows PC」の場合、公式サイト「https://www.python.org/」からインストーラをダウンロードして実行します。

最新版は「Python 3.10.4」ですが、「Python 3」ならば、特にマイナー・リビジョンは気にしなくてかまいません。
(「ラズパイOS」にインストールされている版は、「3.9.2」です。)

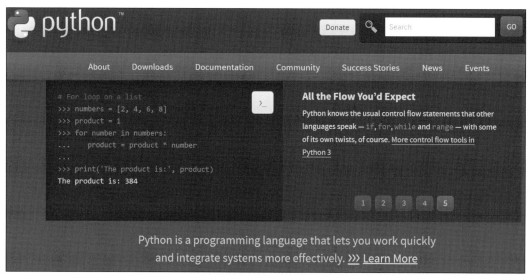

図3-3-1　公式サイト (jttps://www.python.org)

　ラズパイOSでは処理系や開発環境がインストールずみですが、以下のコマンドを順に実行し、OSを最新のイメージに更新しておくといいでしょう。

```
sudo apt update
sudo apt upgrade
```

●対話入力

　「コマンド・モード」(Windows PCでは「コマンド・プロンプト」、ラズパイでは「LXTerminal」)から「python」[Enter]と入力します。

　プロンプトが「>>>」になり、命令を一つずつ入力できる「対話入力モード」(interactive mode)になります。

図3-3-2　「LXTerminal」は、ラズパイメニュー・アイコンの「>_」のアイコン

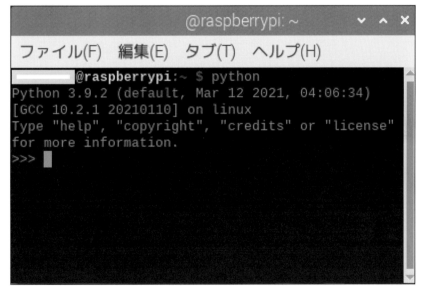

図3-3-3　コマンド・モードで「python」と入力

　たとえば、センサをつないだ場合、センサにコマンドを送る命令を1つずつ入力し、センサの動作を確認できます。

　終了させる場合、「>>>」のプロンプト表示中に、[Ctrl]＋「Z」を押下しますが、分からなくなったら、ウィンドウ自体を終了させてもかまいません。

●ファイルの実行

「Python スクリプト」をテキストファイルに書き、「Python インタープリタ」に、

```
python [ファイル名.py]
```

で与えると、直接スクリプトを実行します。

　以下の例では、「コラッツ予想」と呼ばれる計算処理を繰り返し、正の整数は必ず「1」に収束することを、引数で与える数値に対して確かめます。

リスト　Collatz_conjecture.py

```
import sys

if len(sys.argv) != 2:
    num=0
else:
    num = int(sys.argv[1])
if num <= 0:
    num=100
element=[num]
while  num != 1:
    if num % 2 == 0:
        num=num/2
    else:
        num=num*3+1
    element.append(int(num))

print("Collatz conjecture:",element)
```

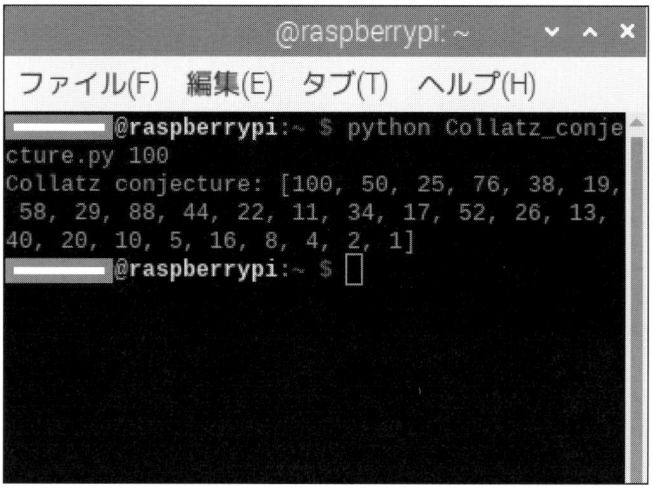

図3-3-4　コマンドラインで与えられた100の計算処理手順をテキスト出力

コマンドラインで与えられた引数は、「sys.argv[]」で取得します。
テキスト出力は、対話入力モードと同様に、コマンドラインに出力されます。

●tkinter

「Pythonスクリプト」の入出力は、コンソールだけでなく、「tkinterパッケージ」を読み込めば（「import tkinter」）、ウィンドウ表示のGUIアプリも作ることができます（**4-4参照**）。

■ Thonny Python IDE

●統合開発環境

「Thonny Python IDE」はPythonの初学者をターゲットにした統合開発環境（integrated development environment, IDE）です。

「Thonny」のエディタで「Pythonスクリプト」を書き、「Pythonインタープリタ」で実行し、エディタに戻って問題点の修正作業を続けることができます。

●主要なプラットフォームに対応

「Thonny」は、「Windows PC」「Mac」「Linux」に対応しており、特にラズパイOSには標準で組み込まれています。

ラズパイOS版以外は、公式サイト「https://thonny.org/」最上段右をクリックして、インストーラをダウンロードします。

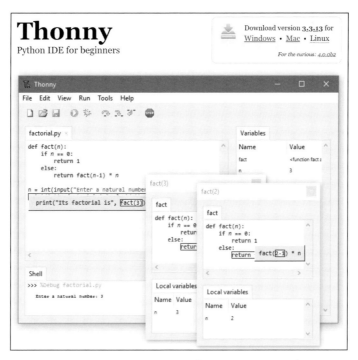

図3-3-5　Thonny公式サイト（https://thonny.org/）
右上の「Windows・Mac・Linux」からインストーラをダウンロードする

●上段のエディタと下段の実行画面

「Thonny」を立ち上げると、上段にエディタ、下段に「Python」のコンソール入出力画面（Shellウィンドウ）が表われます。

ヒープやスタックの状況を表示することもできますが、本書では「Python」に慣れるためのごく基本的な操作のみ用います。

エディタで「Pythonスクリプト」を書き、メニューから「Run」-「Run current script」（あるいは[F5]）でPythonスクリプトを実行、[STOP]アイコンで停止します。

実行中のコンソール出力（PRINT命令）は、Shellウィンドウに表示します。

動作に問題があったり、エラー終了した場合は、エディタ上でスクリプトを修正して再度実行し、プログラムを作り上げます。

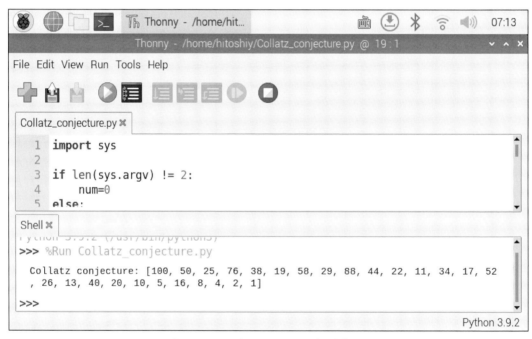

図3-3-6　エディタでスクリプトを修正

●対話入力モード

「Shellウィンドウ」をクリックして文字入力を行ない、「Pythonスクリプト」を対話入力モードで使うことができます。

　本書では、「LXTerminal」から「Pythonインタープリタ」を使う方法と、「Thonny Python IDE」上で作業する方法、両方を試します(**第4章**)。

　サンプルプログラムは、どちらでも動作します。
　自身のスタイルに合う方法(あるいは別の処理系)で試してください。

　「Python」は、オブジェクト指向でプログラムを書くこともできますが、本書では「手続き的」に書いており、基本的な「条件文」(if、while)、パッケージの導入(import)、関数定義(def)が分かればかまいません。

「Raspberry Pi」のI/Fと利用法

「ラズパイ」は、さまざまなインターフェイス(I/F)を備えています。

本章では、各I/Fの仕様を解説し、実際にデバイスを接続して、動作を確認します。

4-1 「UART」と「CO₂センサ」

■ UART

●規格

「UART」(universal asynchronous receiver/transmitter)は、2端末間を「(送受信各1本)+(GND線)」でつなぎ、「ビット列」を相互に送信する規格です。

互いの送信線が独立していて、相手の送信状況に影響されずに「ビット列」を送信する、「全二重」で通信します。

ICメーカーの米アナログデバイセズ社が、入門書を公開しています。

【アナログデバイセズ:UART——多様な非同期通信に対応可能なハードウェア通信プロトコル】
https://www.analog.com/jp/analog-dialogue/articles/uart-a-hardware-communication-protocol.html

●利点・欠点

「送受信+GND線」だけで、最低限の通信ができます。

その他、相手がデータを受信可能か確認できる信号線も定義され、信号線を追加すれば、「受信あふれ」(送信データ抜け)の防止ができます。

クロック線はなく、通信速度はあらかじめ端末間で定めます(通信内容からは、通信速度を判定できません)。

●送受信の結線

自分から相手にデータ送信する送信線を「TxD(TX)」と呼び、相手から自分にデータを送信してくる受信線を「RxD(RX)」と呼びます。

自分の「送信線」は、相手にとっては「受信線」であるため、交差するように「TxD」と「RxD」を結線します。

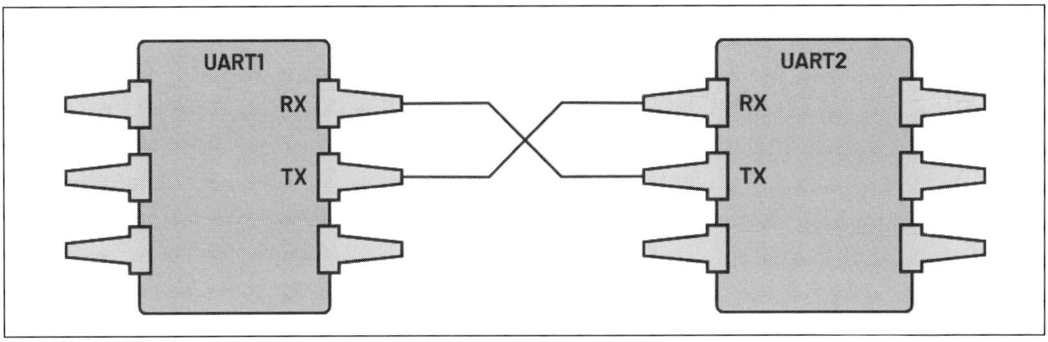

図4-1-1　「UART1」と「UART2」の「全二重通信」での結線
自分の「TX」を相手の「RX」に接続する。(アナログデバイセズ)

●「バッファあふれ」の可能性を検討

　規格上は、「TxD」「RxD」の他に、フロー制御線の「RTS」(request to send)と、「CTS」(clear to send)が定義され、受信バッファがあふれる前に、相手の「データ送信」を、一次停止できます。

　しかし、「ラズパイ」を含め、多くの機器は「TxD」「RxD」しかサポートしておらず、フロー制御ができません。
　通信速度が速い場合は、処理が追いつかずにデータを取りこぼすことがないように、システム全体の負荷が高くないかを検討します。

●RS-232C

　「UART」の電気的規格が「RS-232C」で、「5V」駆動の規格です。
　一方、現在では、「ラズパイ」を含め、UARTを「3.3V」で実現するのが一般的で、「5V」の電子部品を接続すると、「ラズパイ」側が壊れることがあります。

　「ラズパイ」を「RS-232C」I/Fの機器と接続する場合には、機器が「5V」駆動か確認し、「5V」ならば「3.3V」への「降圧回路」を自作し、「TxD」「RxD」をつなぎます。

　自作の手間を省くため、「5V UART」のデバイスではなく、「3.3V」の同種製品がないか、探してみるといいでしょう。

■「ラズパイ」の「UART」
●「ラズパイ」の「UART」デバイス

　「ラズパイ」は、「NS16550」相当の本格的な「UART」デバイス「PL011」と、簡易的な「UART」デバイスである「miniUART」の2つを実装しています。

　「PL011」は「16バイト」の「受信バッファ」をもち、多少受信データが溜まってから読み出しても受信こぼれがありません。
　「miniUART」は「受信バッファ」が(1バイトしか)なく、次のデータを受信するまでにデータを読み出す必要があり、高速通信に向いていません。

●アプリから見た「ラズパイ」のデバイス名

表4-1のとおり、ハードウェア・レベルでの機能水準は異なりますが、アプリから見たデバイス名として、共通して「/dev/serial0」が定義（シンボリック・リンク）されています。

表4-1 「UART」の「デバイス」と「デバイス名」

Model	PL011(UART0)		miniUART	
	接続先	Linux device	接続先	Linux device
Zero	TxD:Pin 8 RxD:Pin 10	/dev/ttyAMA0 /dev/serial0	GPIOピンに 未アサイン	
Zero W	BT controller		TxD:Pin 8, RxD:Pin 10 ※初期状態では無効	/dev/ttyS0 /dev/serial0
1 2	TxD:Pin 8 RxD:Pin 10	/dev/ttyAMA0 /dev/serial0	GPIOピンに 未アサイン	
3 4	BT controller		TxD:Pin 8, RxD:Pin 10 ※初期状態では無効	/dev/ttyS0 /dev/serial0

※ラズパイ公式資料より、筆者作成。

アプリを作る際には、「/dev/serial0」でUARTにアクセスし、高速通信を前提としない（＝受信バッファがない機種でも、データを取りこぼしにくい）ようにすると、機種に依存せずに動作します。

【公式ページ：UART configuration】

https://www.raspberrypi.org/documentation/configuration/uart.md

■ CO2センサ

換気の目安となる「CO2濃度」は、センサのパーツが手に入りやすく、計測が容易です。

以下、比較的高価な（三千円超）センサ・デバイスを使います。
記載の誤りを含め、本書は故障や破損に責任を負いかねます。実験時にはセンサ、「ラズパイ」のピン仕様などを読者自身で確認してください。

●3.3V UART・5V駆動

入手しやすい、Zhengzhou Winsen Electronics Technologyの「MH-Z14」を使います。

本センサは、動作電圧「5V」、UART「3.3V」で、「ラズパイ」のGPIO仕様（3.3/5V電源供給、3.3V UART）に合っています。

「UART」のほうが、動作確認が容易で、Pythonのパッケージも「UART」を使っているため、通常は用いませんが、「パルス」（ON/OFFの繰り返し）で計測値を通知する「PWM」（パルス変調）にも対応しています。

●動作概要

「UART」からの照会に対し、計測値を「ppm」(～2000PPM)で返します。

起動直後から計測値を返しますが、起動後3分間の暖機運転(preheat time)が規定されており、読み出しまで少し待ったほうがいいでしょう。

【マニュアル(英文)】

https://www.openhacks.com/uploadsproductos/mh-z14_co2.pdf

●個人使用での精度は限定的

センサメーカーは、半年ごとの較正を求めていますが、個人では難しいでしょう。
計測値は、「目安」として取り扱います。

●「ピンヘッダ」の取り付け

通常はセンサを搭載した基板として販売されていますが、「ピンヘッダ」がハンダ付けされていません。
最初に、基板に「ピンヘッダ」をハンダ付けします。

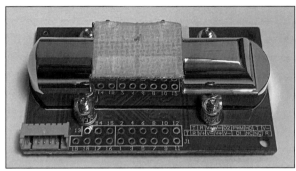

図4-1-2　センサ
下部の穴の列がピンヘッダ用スルーホール。

●結線

「CO₂センサ」の「UART」は「3.3V」規格なので、「ラズパイ」の「ピンヘッダ」と「ジャンパ線」で、そのまま接続できます。

図4-1-3 「ラズパイ」にセンサを接続

センサの「GND」は、「ラズパイ」に複数ある端子のどれをつないでもかまいません。

自分にとっての「送信線」(TxD)は、相手にとって「受信線」(RxD)であるため、「ラズパイ」の「TxD」はセンサの「RxD」につなぎます。

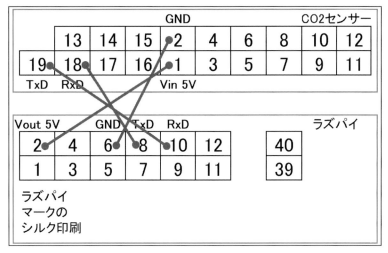

図4-1-4 「ラズパイ」と「CO2センサ」の結線

●パッケージのインストール

「pip」コマンドで、センサパッケージ「mh-z19」をインストールします。

```
sudo pip3 install mh-z19
```

「パッケージ(ファイル)名」は「mh-z19」ですが、クラス名は「mh_z19」です。

●UARTの有効化

「ラズパイメニュー」から、「設定」→「Raspberry Piの設定」→「インターフェイス」タブ内の「シリアルポート」を有効にします。

図4-1-5 「ラズパイメニュー」で「Raspberry Piの設定」を選ぶ

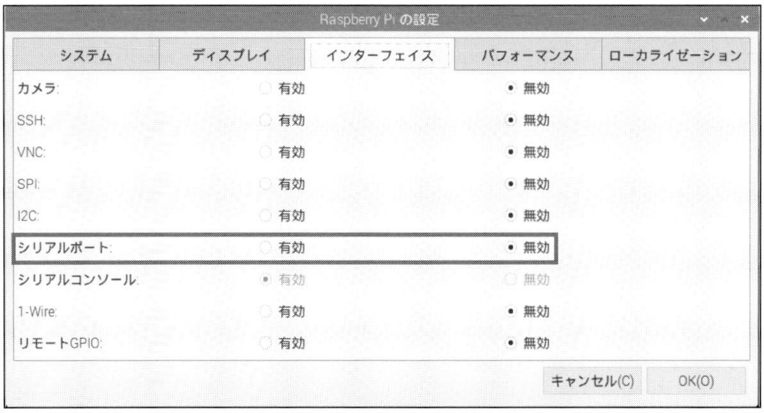

図4-1-6　「インターフェイス」タブの「シリアルポート」を有効にする

●計測

「LXTerminal」から「Python」を立ち上げ、「mh_z19.read()」を呼ぶと、計測値を返しました。

図4-1-7　「LXTerminal」の起動
画面左上のラズパイメニュー横の「>_」アイコンを押下する。

【密閉空間のCO2値、1,761ppmを計測】

```
pi@raspberrypi:~ $ sudo python3
Python 3.7.3 (default, Jul 25 2020, 13:03:44)
[GCC 8.3.0] on linux
Type "help", "copyright", "credits" or "license" for more information.
>>> import mh_z19
>>> mh_z19.read()
{'co2': 1761}
>>>
```

●「Pico」では「mh-z19」が動作せず

「mh-z19」は内部で「UART API」を呼び出していますが、「UART」の初期化関数が「ラズパイ3」「4」「Zero」と、「Pico」で異なるため、上記例は「Pico」で試すことができません。

「Pico」で本センサを利用する場合には、(a)「mh-z19」のソースコードを修正するか、(b)センサのマニュアルを参照して、UARTコマンドを直接センサに送る必要があります。

4-2 「I²C」と「大気圧センサ」

■「I²C」I/F

●デバイス接続用のシリアルI/F

「I²C」（アイ・スクェアド・シー）は、全デバイスを、同じく、①「クロック線」（SCL、serial clock line）、②「データ線」（SDA、serial data line）、③「GND」――の3本でつなぐ、シンプルな通信規格です。

旧Philips（現NXP Semiconductors）が、80年代に低コストのIC間接続規格として制定し、現在でも機器内部で広く使われています。

【I²C仕様書：NXP Semiconductors UM10204 I2C-bus specification and user manual】
http://www.nxp.com/docs/en/user-guide/UM10204.pdf

●マスタースレーブ構成

バス上に接続されたデバイスのうち、1つが固定的に「マスター」となり、クロックとともにコマンドを送信し、他のデバイスはマスターの照会に対して応答する、「スレーブ」として動作します。

「スレーブ」から通信を開始することはできないため、定期的に「マスター」が「スレーブ」に「ステータス」を照会（ポーリング）し、「スレーブ」に「通信データ」があるか、確認します。

※あるいは、「I²C」バスと別に「割り込み線」をつなぎ、「スレーブ」から「マスター」に通信要求を通知することもあります。

●コマンド・レスポンスの通信方式

各デバイスは、他と衝突しない「7bit」*の「アドレス（ID）」をもちます。

まず、「マスター」がアドレスで「スレーブ」を指定してコマンドを送信し、指定された「スレーブ」が応答として、データを返信します。

*「10bit」の「アドレス指定モード」もあります。

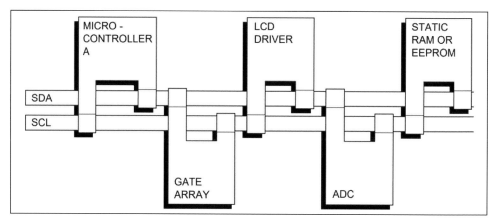

図4-2-1 「マスター」(MICRO CONTROLLER A)と他の「スレーブデバイス」
がすべて、「SDA」「SCL」に乗っている(NXP UM10204 I2C-bus specification)。

●アドレスの選択

「アドレス」はある程度慣習がありますが、基本的には自由に付けるため、他社製品と同時に使うと、「アドレス」がぶつかる可能性があります。

市販のデバイスは通常は、「アドレス」が固定ですが、別のデバイスと重なったときのため、もう1つ別の「アドレス」を選択できるようにしており、最低2つのデバイスは「アドレス」が重ならず、「I²C」に接続できます。

●リード/ライト

通信フォーマットは、「マスター」から「スレーブ」にコマンドを送信する「ライト(write)」、「スレーブ」から「マスター」にデータを転送する「リード(read)」の2種類です。

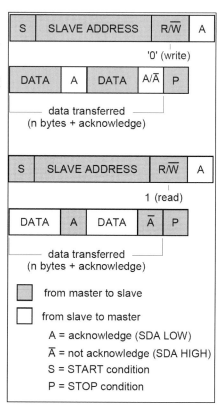

図4-2-2 「リード」(上図上)と「ライト」(下)ともに、マスタークロックに伴って内容を送信し、相手側の肯定応答(ACK、図中の「A」)を確認する。

●デバイスが受け付けるコマンドの確認

　デバイスによっては、想定しない「リード/ライト」要求を受けると、内部の設定値が破損したり、ロックがかかって使用不能になったりすることがあります。

　デバイスを「ラズパイ」に接続する前に、「I²C」コマンドの入力に関する注意がないか、デバイスの仕様を確認します。

■ 温湿度気圧センサ「BME280」

　Bosche「BME280」は、「温度」(-40〜85℃ ±1℃)、「湿度」(0〜100% ±3%)、「気圧」(300〜1100hPa ±1hPa)を計測し、「I²C」か「SPI」で計測値を返します。

【Bosche社資料】

https://www.bosch-sensortec.com/products/environmental-sensors/humidity-sensors-bme280/

●センサモジュール

　本センサを基板に載せたモジュールが、数多く販売されています。

【秋月電子通商取扱い「BME280」使用、「温湿度気圧センサ」モジュールキット】

https://akizukidenshi.com/catalog/g/gK-09421/

　秋月電子通商の「モジュール」は、購入後に「ピンヘッダ」のハンダ付けが必要な「キット」です。

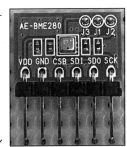

図4-2-3　ハンダ付けが必要なモジュール

　同梱の「ピンヘッダ」は、ブレッドボード用の(細い)ピンのため、ジャンパ線で「ラズパイ」の「GPIO」とつなぐ場合、ジャンパ線用の(太い)ピンヘッダを用意します。

　基板右上端「J1」〜「J3」は、I/F (「I²C」「SPI」)を選択するジャンパで、購入後は「I」I/Fに設定されているため、今回はそのまま使います。

■ 「ラズパイ」の「I²C」制御コマンド

　「ラズパイOS」には、「I²C」バス上のデバイスの検索と、デバイスにデータを読み書きするコマンドが用意されており、センサを接続後に、「Pythonスクリプト」を書かなくても、動作確認ができます。

●「I²C」の有効化

メニューの「設定」→「Raspberry Piの設定」→「インターフェイス」タブの「I²C」を有効にします。

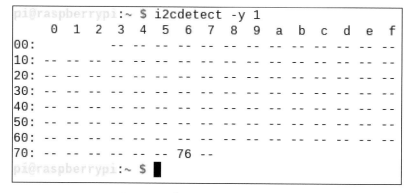

図4-2-4 「インターフェイス」タブで「I²C」を有効に設定

●「センサ」を「ラズパイ」に接続

「センサ」とラズパイの端子「VDD－3V3 power」、「GND－GND」(ラズパイ側は、どこのGNDピンに挿してもかまいません)、「SDI－SDA」、「SDO－GND (アドレス0x76を選択)」、「SCK－SCL」をジャンパ線でつなぎます。

●i2cdetect

「ラズパイ」と「デバイス」の結線と、「デバイス」の基本動作を確認します。

```
$ sudo i2cdetect -y 1
    ※最後の「1」はバス番号(1か0)
```

「i2cdtect」は、各アドレスへの照会に応答したデバイスを、一覧表示します。

```
pi@raspberrypi:~ $ i2cdetect -y 1
     0  1  2  3  4  5  6  7  8  9  a  b  c  d  e  f
00:          -- -- -- -- -- -- -- -- -- -- -- -- --
10: -- -- -- -- -- -- -- -- -- -- -- -- -- -- -- --
20: -- -- -- -- -- -- -- -- -- -- -- -- -- -- -- --
30: -- -- -- -- -- -- -- -- -- -- -- -- -- -- -- --
40: -- -- -- -- -- -- -- -- -- -- -- -- -- -- -- --
50: -- -- -- -- -- -- -- -- -- -- -- -- -- -- -- --
60: -- -- -- -- -- -- -- -- -- -- -- -- -- -- -- --
70: -- -- -- -- -- -- 76 --
pi@raspberrypi:~ $ 
```

図4-2-5 「i2cdetect」の実行結果
センサをアドレス「0x76」で検出。

●「i2cdetect」のリード／ライト指定

　「i2cdetect」は、標準で、アドレス「0x30～0x37」「0x50～0x5F」に「リード」、それ以外に「ライト」コマンドを送信して、「スレーブ・デバイス」を検出します。

　接続した「デバイス」の「アドレス」がこの範囲外にあり、未サポートの「リード／ライト」を禁止している場合には、オプションを指定します。

```
$ sudo i2cdetect -r -y 1【リード指定】
$ sudo i2cdetect -w -y 1【ライト指定】
```

　今回のデバイスは、「リード／ライト」の双方を受け付けるため、オプションの指定は不要です。

●i2cget/i2cset

　「i2cget」「i2cset」は、「スレーブデバイス」の「レジスタ」に読み書きします。
　「Pythonスクリプト」を書く前に、コマンド入力で動作を確認するといいでしょう。

■ Pythonスクリプトで計測値を読み出し

●Adafruit製パッケージ

　米「Adafruit Industries」が、同社製品以外にも汎用的に使えるBME280用Pythonパッケージ「adafruit-circuitpython-bme280」を公開しており、今回はそのパッケージを使います。

【パッケージ仕様】

```
https://pypi.org/project/adafruit-circuitpython-bme280/
```

●パッケージのインストール

　「pip」コマンドで、インストールします。

```
sudo pip3 install adafruit-circuitpython-bme280/
```

●「気温」「湿度」「気圧」の読み出し

　Pythonスクリプトは、以下の手順でデバイスにアクセスします。

[手順]

[1]「I²C」バスにアクセスするためのインスタンスを、「busio.I2C()」で生成。
[2]「adafruit_bme280」に「I²C」のインスタンスとデバイスのアドレスを指定し、「adafruit_bme280.Adafruit_BME280_I2C()」でインスタンスを生成。
[3]生成したインスタンスの要素を読み出す。

　コンソールに、「気温」「湿度」「気圧」の測定値を表示する「Pythonスクリプト」は、以下のとおりです。

リスト bme280test.py

```
import adafruit_bme280
import board, busio
bus=busio.I2C(board.SCL, board.SDA)
bme_if=adafruit_bme280.Adafruit_BME280_I2C(bus,0x76)
print(bme_if.temperature)
print(bme_if.relative_humidity)
print(bme_if.pressure)
```

前節のように、「LXTerminal」から「Python」を立ち上げてもかまいませんが、今回は「ラズパイ」の「Python開発環境」に慣れるため、「Thonny Python IDE」で上記スクリプトを実行します。

「ラズパイメニュー」から、「プログラミング」→「Thonny Python IDE」で環境を立ち上げます。

図4-2-6 メニューから「Thonny Python IDE」を起動

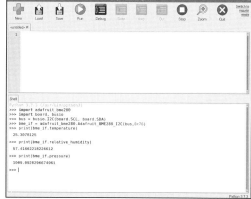

図4-2-7 「Thonny Python IDE」
上のウィンドウは「スクリプト」
（ソース・ファイルの入力用）。
下の「Shellウィンドウ」で、対話入力
で直接スクリプトを実行可能。

「Shellウィンドウ」をクリックし、前記プログラムを入力すると、測定値を得ました。

```
>>> import adafruit_bme280
>>> import board, busio
>>> bus = busio.I2C(board.SCL, board.SDA)
>>> bme_if = adafruit_bme280.Adafruit_BME280_I2C(bus,0x76)
>>> print(bme_if.temperature)
 25.3078125
>>> print(bme_if.relative_humidity)
 57.41662218226612
>>> print(bme_if.pressure)
 1009.0928296674961
>>> |
```

図4-2-8 対話入力で測定値
を得るスクリプトを実行

4-3 「SPI」と「三軸加速度センサ」

■ SPI

「SPI」(serial peripheral I/F)は「I²C」と同様、デバイスの接続規格で、モトローラ（現NXP Semiconductors）が規格化しました。

●「マスタースレーブ方式」の双方向通信

「I²C」と同様、マスターが供給する「クロック」(SCLK, SPI clock)に合わせて送受信しますが、以下の相違点があります。

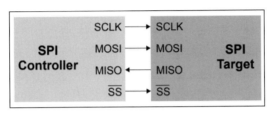

図4-3-1 「マスター／スレーブ」に代わり、「コントローラ／ターゲット」の呼称も使われる(NXP社資料より)

・「マスター」が「スレーブセレクト」(SS、あるいはCS: chip select)で「スレーブ」を指定。
（「I²C」は「ID」で論理的に区別）。
・通信は「双方向全二重」(MOSI/MISO: master out/in slave in/out)。
（「I2C」は、1本の通信線を時分割で使用する「半二重」。）

● SDI/SDO

「MOSI/MISO」を、自分に対する入出力で考え、「SDI」(serial data in)、「SDO」(serial data output)と表記することもあります。

たとえば、「MISO」は、マスターにとっては「SDI」ですが、スレーブにとっては「SDO」です。

●複数デバイスの接続

「SCLK」「MOSI」「MISO」は、全デバイスで共用し、「SS」は各マスターからデバイス個別に接続します。

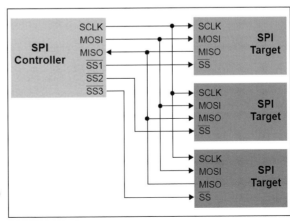

図4-3-2 マスターに3つのスレーブを接続した例

●信号フォーマット

　クロックに同期して流すデータ信号は、「クロックの極性」(CPOL: clock polarity)と「位相」(CPHA: clock phase)で4種類定義されています。

CPOL	0: Logic low 1: Logic high
CPHA	0: 立上がりエッジでサンプリング、立下がりエッジでシフト 1: 立下がりエッジでサンプリング、立上がりエッジでシフト

※アナログデバイセズ(株)サイトから、筆者編集

●「ラズパイ」がサポートするフォーマット

　「ラズパイ」は4モードすべてに対応しており、通信時にデバイスに合ったモードを設定します。

　モードが判断できなければ順に試し、デバイスと通信できたモードを選べばかまいません。

モード番号	CPOL	CPHA
0	0	0
1		1
2	1	0
3		1

■ 三軸加速度センサ

●LIS3DH

　ST Microelectronics「LIS3DH」は、「I²C」「SPI」双方対応の「三軸加速度センサ」です。
今回は、基板に実装された評価キットを利用します。

【秋月電子通商 3軸加速度センサモジュール】
https://akizukidenshi.com/catalog/g/gK-06791/
【説明書(日本語)】
https://akizukidenshi.com/download/ds/akizuki/AE-LIS3DH.pdf
【データシート(英文)】
https://akizukidenshi.com/download/ds/st/LIS3DH.pdf

●「SPI」I/Fの選択

　基板上のジャンパ線の設定で、「I²C」「SPI」のいずれかを設定します。
　購入時の状態は「SPI」のため変更せず、あとは「ピンヘッダ」をハンダ付けします。

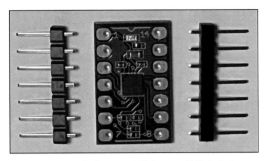
図4-3-3 「ピンヘッダ」をハンダ付けする

●通信モード・クロック

説明書の記載、

> クロックアイドル時＝H
> クロック立ち上がりでデータ読み込み

から、「CPOL=1」「CPHA=0」の「モード３」を設定します。

> SPI clock frequency Max 10 MHz

から、さしあたり「1MHz」を設定します。

(読み出すデータ量が少ないため、もっと低い周波数でもかまいません。)

■「ラズパイ」の設定

●「SPI」の有効化

「SPI」はデフォルトで無効のため、ラズパイメニューの「設定」→「Raspberry Piの設定」→「インターフェイス」タブで、「SPI」を「有効」にします。

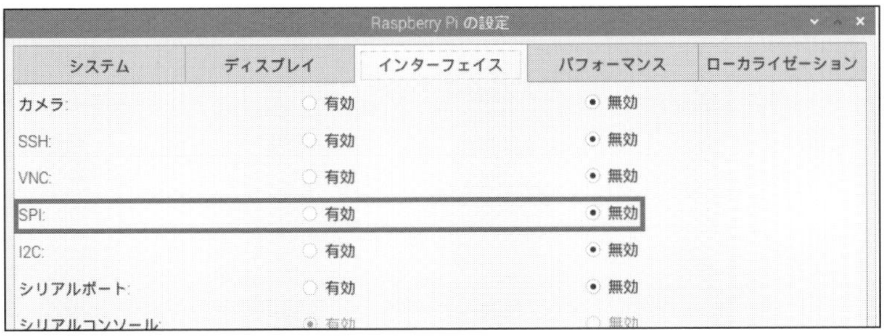

システム	ディスプレイ	インターフェイス	パフォーマンス	ローカライゼーション
カメラ:	○ 有効	● 無効		
SSH:	○ 有効	● 無効		
VNC:	○ 有効	● 無効		
SPI:	○ 有効	● 無効		
I2C:	○ 有効	● 無効		
シリアルポート:	○ 有効	● 無効		
シリアルコンソール:	● 有効	○ 無効		

図4-3-4 設定画面の「インターフェイス」タブで「SPI」を「有効」にする

●SPIのチャネル数

「ラズパイ３」「４」「Zero」は、「SPI0」「SPI1」の２チャネルをもち、「SPI0」の「SS」は２つ、「SPI1」の「SS」は3つあることから、計５デバイスまで接続できます。

今回は、「SPI0」「CE0」*につなぎます。

---

*ラズパイは「SS」を「CE」(chip enable) と呼称。

【SPI仕様（「ラズパイ」財団公式資料）】

https://www.raspberrypi.com/documentation/computers/raspberry-pi.html#serial-peripheral-interface-spi

●ピンの接続

「ラズパイ」と「センサ」の機能名のズレを、**図4-3-5**で確認します。

「ラズパイ」は「ピン番号」と別に、「SoC定義」の「GPIO番号」が振られていて紛らわしく、**図4-3-5**で確認します。

少なくとも、「VDD（3.3V）」と「GND」を間違えなければ、通電後、基板の「赤LED」が点灯します。

【ラズパイ財団資料】

https://www.raspberrypi.com/documentation/computers/raspberry-pi.html#serial-peripheral-interface-spi

ラズパイ			センサー	
ピン	機能		ピン	機能
1	3V3 power		1	VDD
9	Ground		2	GND
23	SPI0	SCLK	3	SPC(SCLK)
19		MOSI	4	SDI(MOSI)
21		MISO	5	SDO(MISO)
40	SPI1	SCLK		
38		MOSI		
35		MISO		
24	CE0		6	CS(SS)
26	CE1			
36	CE2		※CE2はSPI1のみ	

図4-3-5　「ラズパイ」と「センサ」のピン名称の対応

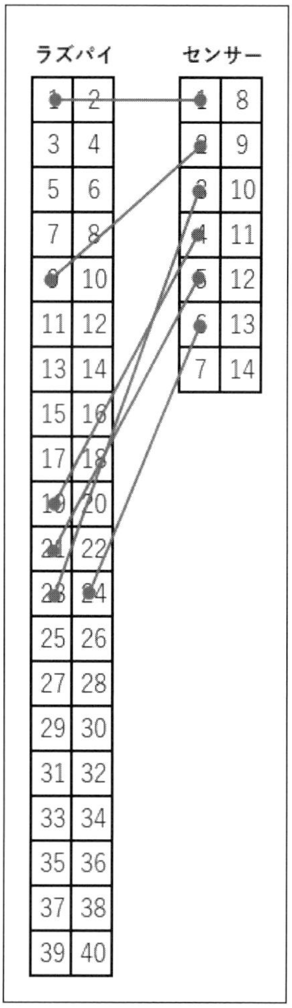

図4-3-6　結線図

■ Pythonスクリプトで計測値を読み出し

●「spidev」パッケージのインストール

「pip」コマンドで、「SPI」パッケージ「spidev」をインストールします。

```
sudo pip3 install spidev
```

●接続確認

最初に、常に「0x33」を返す試験用「WHO_AM_I」レジスタを読み出します。

「SPI」は「マスター」がクロックを供給するため、「スレーブ」からデータを読み出す場合でも、「マスター」がダミーデータを送出し、そのクロックに対して「スレーブ」がデータを送信します。

＊

本センサは、「マスター」が1バイトで「I/Oアドレス」を出力し、続けて1バイトの「ダミーデータ」を出力すると、2バイト目の出力に合わせてデータを返します。

【マスターの出力フォーマット】

```
1バイト目: 0x8FBit 7：1 (読み出しモード)
Bit 6:0 I/Oアドレスを増分せず
Bit 5-0: I/Oアドレス (0x0F)
2バイト目: 0 (ダミーデータ)
```

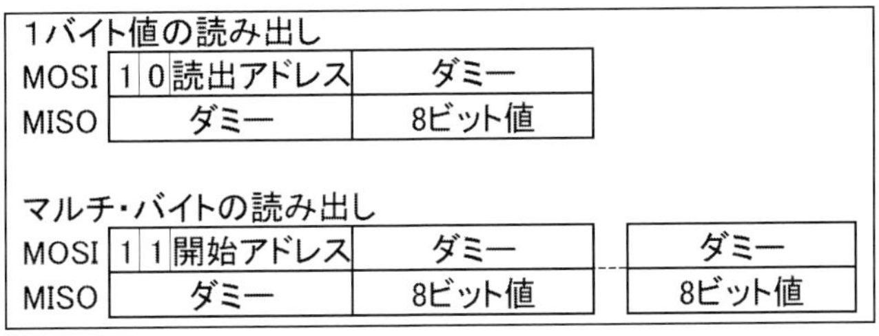

図4-3-7 「LIS3DH」のデータ読み出しフォーマット (0x8F 以降)

「spi.xfer2()」で「0x33」を読み出す2バイト値を送信すると、「スレーブ」が「51」(0x33)を返しました。

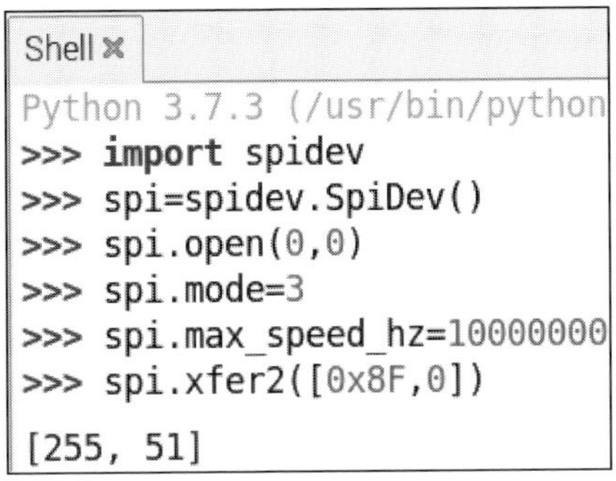

図4-3-8 「Thonny Python IDE」の「Shellウィンドウ」での実行結果

●データの読み出し

「X/Y/Z軸」の加速度を読み出します。

[手順]

[1]I/Oアドレス「0x20」(CTRL_REG1)に「0x27」(10Hzサンプリング、非省電力モード、「X/Y/Z軸」計測)を書き込む。

[2]I/Oアドレス「0x23」(CTRL_REG4)に「0x08」(±2Gスケール、高精細モード)を書き込む。

[3]「0x27」のステータスレジスタ(STATUS_REG)を読み出す。

[4]読み出したステータス値から、新規計測データがあることを確認。

[5]下位・上位の順の2バイト(short)「X」「Y」「Z」データを、「0x28」からの6バイトデータとして読み出し。

ここでは実験として、ステータスの確認(上記[3][4])を省略します。

最初の「255」は、「マスター」から「スレーブ」へのI/Oアドレスを出力時に、スレーブ側送信データと見なして読んだ部分で、実際には「スレーブ」がデータを送信していないため、読み飛ばします。

その後、「X/Y/Z軸」の計測値が、「下位8ビット」、「上位8ビット」の順で出力されています。

```
X軸=0xF5 (245)・0x50(80)=0xF550
Y軸=0xF8 (248)・0x60(96)=0xF860
Z軸=0x5E (94) ・0x40(64)=0x5E40
```

図4-3-9 「Thonny Python IDE」 の「Shell ウィンドウ」でデータを取得

```
Shell ✕
Python 3.7.3 (/usr/bin/python3)
>>> import spidev
>>> spi=spidev.SpiDev()
>>> spi.open(0,0)
>>> spi.mode=3
>>> spi.max_speed_hz=10000000
>>> spi.xfer2([0x20,0x27])
[255, 255]
>>> spi.xfer2([0x23,0x08])
[255, 255]
>>> data=spi.xfer2([0xE8,0,0,0,0,0,0])
>>> print(data)
 [255, 80, 245, 96, 248, 64, 94]
```

「X/Y軸」は、最上位ビットが立っているため、

```
X軸 = -0xAB0 (-2736)
Y軸 = -0x7A0 (-1952)
Z軸=0x5E40(24128)
```

センサをほぼ平らに置いたため、「X/Y軸」は非常に小さい値で、「Z軸」は±2G (2Gが0x7FFF)の範囲で考えると、少し値が大きいですが、オーダーとしては想定に近い値を得ました。

■ structを用いたバイナリ変換

バイナリデータを読み出す「struct」モジュールで、センサ値を手軽に数値に変換できます。

●バイナリデータから数値への変換

　先ほど見たとおり、センサは「リトルエンディアン」（下位、上位バイトの順）、「2の補数」形式で、「X/Y/Z軸」の順にデータを出力します。

　この値を変数に収納する場合、

[1] 上位バイト×256＋下位バイトを計算。
[2] 上位バイトの最上位ビットが1（＝上位バイトが0x80以上）ならば、0x10000から計測値を引き、負にする。

とコーディングしてもかまいませんが、バイト列から書式通りに値を読み出す「struct」モジュールを使うと、変換のコードを書かずに値を取得できます。

●「bytearray」への変換

　計測値が収納されている変数を確認します。

```
>>> data=spi.xfer2([0xE8,0,0,0,0,0,0])
>>> print(data)
 [255, 80, 245, 96, 248, 64, 94]
```
図4-3-10　変数の確認

　計測値を見ると、バイト列（リスト）のように見えますが、実際には数値列のため、まず出力値を標準関数「bytearray()」でバイト列に変換します。

```
>>> bytedata=bytearray(data)
>>> print(bytedata)
 bytearray(b'\xffP\xf5`\xf8@^')
```
図4-3-11　「出力値」を「バイト列」に変換

●struct.unpack()

　書式に従って「バイト列」を読み、値を変数に収納する「struct.unpack()」を利用します。

```
>>> import struct
>>> x,y,z=struct.unpack("<xhhh",bytedata)
```
図4-3-12　「値」を「変数」に収納

　上記書式の「<」はリトルエンディアン、「x」は最初の1バイトを読み飛ばし、「hhh」はshortデータ3つを意味します。先ほどの手計算と一致しました。

```
>>> print(x,y,z)
 -2736 -1952 24128
```
図4-3-13　先ほどの計算と一致

【structモジュール仕様】
https://docs.python.org/3/library/struct.html

113

4-4 「DSI」と「タッチパネル・ディスプレイ」

「ラズパイ」基板上の「DSI」コネクタに、タッチパネル対応の専用ディスプレイを接続します。

■ ディスプレイI/F
●「DSI」「CSI」コネクタ
「ラズパイ3」「4」の基板には、汎用的な「USB/HDMI」コネクタのほか、カメラ（CSI、次節4-5参照）とディスプレイ（DSI）を接続する専用の内部コネクタがあり、「ラズパイ専用」のデバイスを接続できます。

図4-4-1　「ラズパイ4」では、右端のコネクタにディスプレイ・ケーブルを挿入

＊「ラズパイZero」シリーズには、「DSI」コネクタがありません。

●フラットケーブル・コネクタ
「DSI」は信号線数が多く、「ラズパイ」はフラットケーブルを使います。

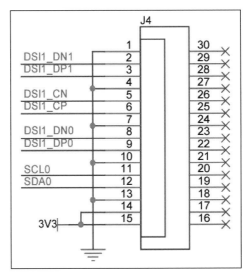

図4-4-2　「ラズパイ」の「DSI」コネクタの配線図
「D0」「D1」の2レーン（後述）、「clock」「I2C I/F」を「GND」が挟む。

コネクタ両端の黒い取っ手を持ち上げてコネクタを緩め、ケーブルを隙間に差し込み、取っ手を押し下げます。

図4-4-3　ラズパイ本体の基板
「DSI」コネクタに「DISPLAY」とシルク印刷されている。

【「ラズパイ4」データシート】

https://datasheets.raspberrypi.com/rpi4/raspberry-pi-4-reduced-schematics.pdf

●DSI接続の利点・欠点

「ラズパイ」は、「HDMI」「DSI」出力の両方に対応しています。

「DSI接続」では、フラットケーブルで接続するだけで、「ディスプレイ」に「3.3V」で給電され、ディスプレイから本体にタッチパネルの押下状況を通知します。

＊

一方、「HDMI」接続では、さまざまなディスプレイを選択できますが、「DSI」接続では、ラズパイ純正品と、いくつかの互換製品のみ接続できます。

■ DSI規格

「DSI」は、モバイル機器のI/F標準化団体「MIPI (mobile industry processor interface) Alliance」が制定した「ディスプレイコントローラ」のI/F規格で、「シリアル・バス」と「コミュニケーション・プロトコル」を規定しています。

●D-PHY

電気的仕様は、「D-PHY」として切り離して規格化、「CSI」「DSI」ともD-PHYに準拠し、信号を送受信します。

【MIPI公式ページ】

https://www.mipi.org/

■ 差動信号

「DSI」(D-PHY)を含む近年の高速シリアルI/Fは、「高信頼性」の実現のため「差動信号」を採用しています。

●シングルエンド方式

通常の「シリアルI/F」は、一本の信号線上に「GND」を基準とした一定電圧を閾値^{しきいち}として、ON（1）/OFF（0）の信号を送る「シングルエンド」(single-ended)方式です。

図4-4-4　シングルエンド方式

●ノイズ耐性

「シングルエンド方式」の「シリアルI/F」では、データを補完する信号がなく、パルスにノイズが乗った場合には、ノイズを除去できません。

図4-4-5　「パルス」に「ノイズ」が入ると、信号の判定に影響する

●差動信号方式

「差動信号方式」(differential signalling)では、配線長の等しい（等長配線）2本の信号線（差動ライン）を近接させ、2本目の信号線には逆位相(-1/0)の信号を流し、受信側は両信号線の「電圧差」で出力パルスを得ます。

なお、両信号線は接地しません（GND不要）。

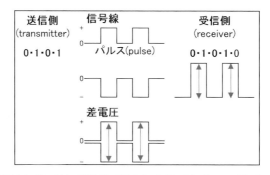

図4-4-6　「差動信号方式」では、受信側で再生した（出力）パルスが入力パルスの倍になる

●「差動信号」のノイズ除去

「差動信号」では、両信号線に「同じ」ノイズ（同相ノイズ、common-mode noise）が混入しても、「差分」に影響せず、ノイズが除去され、高い「ノイズ耐性」をもちます。

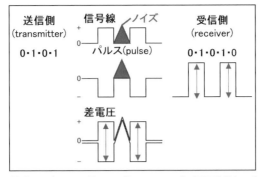

図4-4-7 「パルス」に同じ「ノイズ」が入っても、電圧「差」の変化はない

ケーブルから発生する「EMIノイズ」も、両線間で磁束が打ち消され、低減されます。

● レーン

「差動信号方式」では、順/逆位相の2本の信号線の組を「レーン」(lane)と呼びます。

ケーブルに複数の伝送路を収納する場合には、「シングルエンド方式」では伝送路分の「信号線＋共通のGND線数」ですみますが、「差動信号方式」では伝送路の二倍の線数が必要です。

● 「作動信号方式」を採用するI/F

「作動信号方式」は、信号線が増えるものの、高ノイズ耐性、低電圧化(出力パルスが倍になるため、入力パルスを小さくできる)の利点があります。

DDR SDRAM、SATA、PCI Express、HDMI、DSI、CSI（カメラI/F）ほか、さまざまな高速デジタルI/Fに用いられています。

■ 液晶ディスプレイ

● 純正ディスプレイ

ラズパイ純正LCDディスプレイは、7インチ800×480ピクセル、マルチタッチ対応です。

本製品は、DSIコネクタとは別に、ディスプレイをラズパイのGPIOの「給電ピン」と接続し、別途給電します。

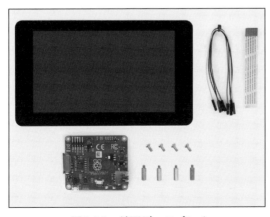

図4-4-8 純正ディスプレイ
https://www.raspberrypi.com/products/raspberry-pi-touch-display/

●5インチディスプレイ

純正ディスプレイ互換の製品が数多く販売されています。

今回使用する中国の深セン Smraza 社の5インチIPSディスプレイは、純正品と同様、800×400ドット表示、マルチタッチ対応です。

図4-4-9　5インチIPSディスプレイ

本製品は、「GPIO端子」からの給電が不要で、「DSI」コネクタに接続するだけですみます。「ラズパイ本体」は、ディスプレイ背面にネジ止めして使います。

図4-4-10　「ラズパイ」をつなぐ
基板右のフラットケーブル・コネクタに「ラズパイ」を背面にネジ止めした状態。

「ラズパイ」のUSBコネクタに電源ケーブルを挿し、「ラズパイ」の電源が入ると、ディスプレイの電源も同時に入り、デスクトップ画面が表われます。

画面のアイコンをタッチすると、マウスでクリックしたと同様に動作します。

図4-4-11　マルチタッチ対応なのでスマホ感覚で操作できる

■「tkinter」によるGUI表示

PythonのGUIアプリの作法と、タッチパネルの動作を確認します。

●Tk

「Tk」は、Windows、Mac、Unix共通のGUIツールキットで、Tkベースのプログラムは、OSに依存せず、各種プラットフォームで実行できます。

Tkの版によりますが、ウィンドウ表示は各プラットフォームのデザインに準じるため、他のアプリと一緒に使っても表示の違和感がありません。

＊

以下の例は、「Windows 11 PC」（左）と「ラズパイ4」（右）の実行結果です。

四分円の表示は同一ですが、ウィンドウ枠や最大化最小化アイコン、文字フォントは異なることが分かります。

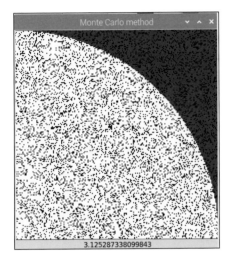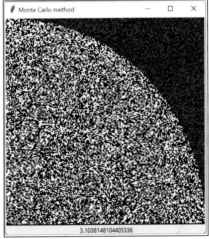

図4-4-12　（左）「Windows 11 PC」と（右）「ラズパイ4」の実行結果

●tkinterパッケージ

「tkinter」は、「Tk」を「Python」で利用するパッケージです。

標準で「Python」に組み込まれており、tkinterベースの「Pythonスクリプト」は、「ラズパイ」「Windows PC」「LinuxのPython環境共通で動作します。

【Python公式Wiki ～ TkInter】

https://wiki.python.org/moin/TkInter

●ウィンドウの作成

「Tkinter」を利用する「Pythonスクリプト」の、構造を見ていきます。

「tkinter」をimport後、まず「tkinter.Tk()」でウィンドウ（root window）のオブジェクトを取得、タイトルや表示位置などを設定し、mainloop()を呼ぶと、関数内で各種イベントを処理します。

```
import tkinter
root=tkinter.Tk()  #以後tkinter.Tk()が返す
root.title(…)      #オブジェクトをrootと
root.geometry(…) #表記。
root.mainloop()
```

●非同期呼び出し

「mainloop()」を呼び出すと、その後使用者がウィンドウ操作をしない限り、ユーザー関数は呼ばれません。

バックグラウンドで別処理を行なう場合は、一定時間後に登録関数を呼ぶ「after()」を「mainloop()」の前に呼び出します。

```
root.after(タイマー<ms>,呼び出す関数)
  ※roorはtkinter.Tk()が返したインスタンス
```

別処理を続ける場合は、呼び出したバックグラウンド関数内で、再度「after()」を呼び、「タイマー呼び出し」を続けます。

●canvas、button、label

ウィンドウ内の表示は、①グラフィック描画の「canvas」、②クリックするボタン「button」、③テキスト表示枠「label」——の3種類の要素「widget」で構成します。

各widgetのオブジェクトを、ウィンドウに紐付けて作成し、「pack()」か「grid()」で追加します。

リスト　Canvas widget の配置

```
canvas=tkinter.Canvas(root, …)
    #rootは前述tkinter.Tk()で取得したウィンドウ・
    #オブジェクト。以後、canvasと表記。
canvas.pack()
    #引数に指定しなければ、前の要素の下に配置される。
```

●canvasクリック時の処理

「widget」をマウスでクリック（タッチパネル上で押下）したときに呼び出す関数を登録できます。

```
canvas.bind(イベント,呼び出す関数)
```

●サンプルプログラム

「monte_carlo.py」（次項）は、モンテカルロ法で「π」を計算する「tkinterアプリ」です。
「ラズパイ」だけでなく、「Windows PC」ほかの処理系でも動作します。

```
$ python3 monte_carlo.py
```

「モンテカルロ法」は、正方形内に乱数で多数の点を置き、点数を面積として近似し、「πの理論値」を、実験的に計算します。

$$\pi = 4 \times [四分円の面積] \div [総面積]$$

疑似乱数の品質から、PCでは精度が期待できませんが、「tkinter」の使用例として、点の配置と計算結果をウィンドウ上に表示します。

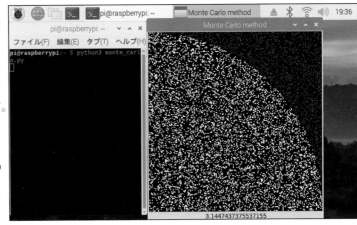

図4-4-13 ウィンドウ内に点の配置を青黄で塗分け表示
キャンバスをタッチすると、画面をリセットし再計算する。

●プログラムの構造

「tkinter」の呼び出し方を確認できるよう、オブジェクト構造を取らず、手続き的に記述しています。

[手順]
[1]乱数で生成した点を表示する「キャンバス」の作成
・「tkinter.Canvas()」でキャンバスのオブジェクトを生成、「canvas.pack()」で表示。
・「canvas.bind('<Button-1>',reset_counter)」でマウスの左クリック/タッチ時に呼び出すカウンタのリセット関数reset_counter()を登録。

[2]計算値のテキスト表示領域の追加
・「tkinter.StringVar()」でオブジェクトを生成、「label.pack()」でキャンバスの下に配置。

[3]「π」の計算関数の呼び出し
・callback_func()を「root.mainloop()」の呼び出し前に登録。
・初回呼び出し後、callback_func()内で呼び出しを登録し、50msecごとに呼び出されるようにします。
・関数が呼ばれる度に、内部で乱数を生成し、乱数の累積値から「π」の計算を続けます。

> ※コールバックで呼び出された関数は、API呼び出しについて特に制限がなく、通常の関数と同様にtkinterのAPIを呼び出すことができます。

[4]乱数で生成した点の描画
・乱数で生成した座標に点を描画ずみか確認。
・未描画ならば、「canvas.create_rectangle()」で小さな四角形を生成、キャンバス上に配置します。

> ※各四角形は、生成時に返されるIDを保持しておけば個別に消去できます。
> 今回は画面タッチ時に計算をすべてリセットするため、「canvas.delete("all")」ですべてのオブジェクトを一括消去します。.

リスト　monte_carlo.py

```
import random,math
num_in_circle=0; num_all=0; canvas=0; text_pi=0; label=0; refresh_count=19
pset=[[0 for i in range(201)] for j in range(201)]

def callback_func():
  global num_in_circle,num_all,canvas,pset,refresh_count
  root.after(10,callback_func)
  x=random.randint(1,200); dx=(x-1)*2
  y=random.randint(1,200); dy=(200-y)*2

  num_all=num_all+1
  if math.sqrt(x*x+y*y) <= 200:
    if pset[x][y]==0:
      canvas.create_rectangle(dx,dy,dx+1,dy+1,fill='yellow',outline='yellow')
    num_in_circle=num_in_circle+1
  else:
    if pset[x][y]==0:
      canvas.create_rectangle(dx,dy,dx+1,dy+1,fill='blue'  ,outline='blue'  )

  pset[x][y]=1
  if refresh_count==19:
    refresh_count=0
    text_pi.set(str(4*num_in_circle/num_all))
  else:
    refresh_count=refresh_count+1

def reset_counter(arg):
  global num_in_circle,num_all,canvas,pset
  num_in_circle=0; num_all=0
  canvas.delete("all")
  pset=[[0 for i in range(201)] for j in range(201)]

import tkinter
root=tkinter.Tk()
root.title("Monte Carlo method")
width =root.winfo_screenwidth()
height=root.winfo_screenheight()
string='400x420+'+str(int((width-400)/2))+'+'+str(int((height-420)/2))
root.geometry(string)
```

```
canvas=tkinter.Canvas(root,width=400,height=400,bg="black")
canvas.place(x=0, y=0)
canvas.pack(fill=tkinter.BOTH, expand=False)
canvas.bind('<Button-1>',reset_counter)

text_pi=tkinter.StringVar(); text_pi.set("")
label=tkinter.Label(root,textvariable=text_pi)
label.pack()

root.after(50,callback_func)
root.mainloop()
```

4-5 「CSI」と「カメラモジュール」

ラズパイ基板上の「CSIコネクタ」に、「カメラモジュール」を取り付けます。

■ 「ラズパイ」のカメラI/F

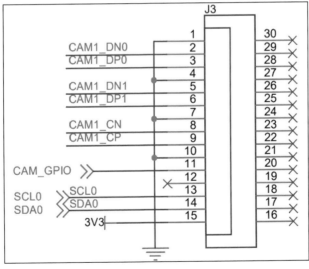

図4-5-1 「ラズパイ3」「4」のコネクタの結線図
データはD0/D1の2レーン。(データシート、一部修正)

●CSI

「CSI」はモバイル機器の「カメラI/F」で、ディスプレイ用「DSI」(前節4-4)と同様、「差動信号方式」で、「高速シリアル通信」を行ないます。

【MIPI】Camera Serial Interface 2

https://www.mipi.org/specifications/csi-2

●「ラズパイ3」「4」のCSIコネクタ

「DSI」と同様、「カメラ用CSI」コネクタも本体基板上に実装されています。

図4-5-2 基板中央(円内)がカメラを接続するCSIコネクタ

【「ラズパイ4」データ・シート】

https://datasheets.raspberrypi.com/rpi4/raspberry-pi-4-reduced-schematics.pdf

●ZeroシリーズのCSIコネクタ

「Zero」シリーズ(初代を除く)や、「Compute Module」も「CSI」コネクタを実装していますが、「ラズパイ3」「4」と形状が異なります。

「22ピンのコネクタは、物理的には4レーンをアサイン可能ですが、「ラズパイ」公式カメラはすべて2レーンで、ドライバも2レーン用のため、4レーン構成は使用しません。

製品	ピン数	ピッチ
ラズパイ3 / 4	15	1mm
Zero W・Zero 2 W Compute module	22	0.5mm

図4-5-3 上が「ラズパイ」4、下がZero 2 Wのコネクタ

「Zero」や「Compute Module」の小基板用に、小さなコネクタを採用したと考えていいでしょう。

■ カメラモジュール

●現行製品は2種類

公式カメラは、解像度8Mピクセルの「Camera Module V2」と12Mピクセルの「HQ Camera」の2種類で、いずれもフラットケーブルを「CSI」コネクタに接続するだけですみます。

図4-5-4HQ Camera (「ラズパイ」財団)

「Camera Module V2」は、通常用途に用います。

「HQ Camera」は、C/CSマウントのレンズに対応、本格的な撮影が可能です。

表4-2 旧・現行カメラモジュール仕様（公式ページ）

	Camera Module v1	Camera Module v2	HQ Camera
Size (mm)	Around 25×24×9		38×38×18.4 (excluding lens)
Still resolution (pixels)	5M	8M	12.3M
Video modes	1080p30, 720p60 and 640×480p60/90		
Linux integration	V4L2 driver available		
Sensor	OmniVision OV5647	Sony IMX219	Sony IMX477
Sensor resolution (pixels)	2592×1944	3280×2464	4056×3040
Sensor image area (mm)	3.76×2.74	3.68×2.76(4.6 diagonal)	6.287×4.712(7.9 diagonal)
Pixel size (μm)	1.4×1.4	1.12×1.12	1.55×1.55

●公式カメラは両コネクタ共通

「公式カメラモジュール」は、ケーブルを直付けせず、コネクタに接続してあり、フラットケーブルを「ラズパイ3」「4」用から「Zero」シリーズに付け替えるだけで、同じ製品を使うことができます。

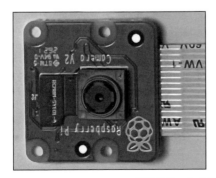 

図4-5-5 カメラモジュール
ケーブルは裏面にコネクタで接続。

●Zero用ケースへの取り付け

公式ケースにはZeroシリーズ用のケーブルが同梱されており、カメラ用の穴が空いたケースに取り付けることができます。

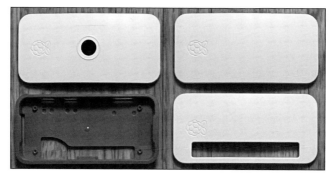

図4-5-6　カメラを使用する場合、左上のケースを使う。

図4-5-7カメラモジュールのケーブルをZero用に付け替え
基板の四隅のホールをケースの突起に合わせる。

【Raspberry Pi Documentation ～ Camera】

https://www.raspberrypi.com/documentation/accessories/camera.html

■ picamera

「picamera」は、「ラズパイ」の「SoC」のカメラスタックを利用する「Pythonモジュール」です。

●32bitモジュールは廃止予定

「picamera」は、これまで数多くのPythonスクリプトが利用してきましたが、現行OS（Bullseye）でカメラスタックがLinux標準の「libcamera」に移行したため、サポートされなくなりました。

32bit版現行OSでは、コンフィグ・メニューで「legacy camera」を有効にして旧カメラスタックを組み込むと、引き続きpicameraを利用できます。

64bit版OSでは、旧カメラスタックの64bitコード版がなく、picameraを利用できません。

●libcameraベースのPythonモジュール

　現在、ラズパイ財団ではpicameraと同様のI/FでlibcameraベースのPythonモジュール「picamera2」の開発を進めており、2/15に試用版（preview release）を公開しました。

【公式ブログ：A preview release of the Picamera2 library】
https://www.raspberrypi.com/news/a-preview-release-of-the-picamera2-library/

　将来、「64bit版OS」でも「picamera」ベースの「Pythonスクリプト」が動作することが期待されます。

■ カメラの取り付け

　「32bit OS」で「picamera」を利用し、テストコマンドで動作を確認します。

●コネクタへの接続

　コネクタ両端の黒い取っ手を持ち上げてコネクタを緩め、ケーブルとコネクタの端子を合わせるように隙間に差し込み、取っ手を押し下げます。

●「picamera」の有効化（Bullseye版のみ）

　32bit「レガシー版」のOS（Buster）を利用する場合、標準でpicameraが有効ですが、現行32bit版OSを利用する場合、以下の手順で有効にします。

[手順]
[1]「ラズパイ・コンフィグ」を起動

```
sudo raspi-config
```

[2]「3 Interface Options」を選択

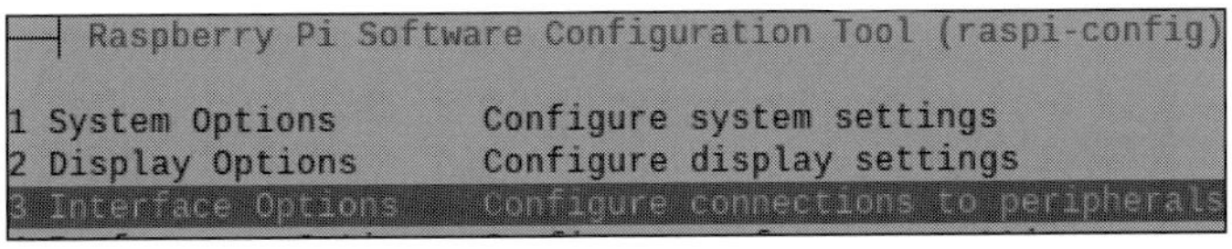

図4-5-8

[3]「legacy camera」を選択

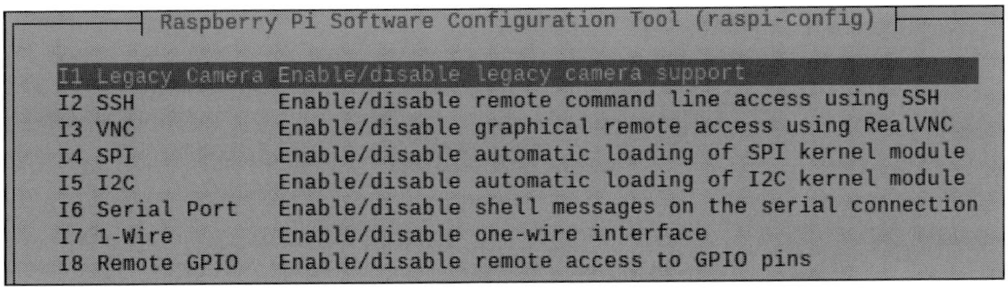

図4-5-9

127

[4]「Would you like to enable legacy camera support?」に「<はい>」を選択

[5]本機能は将来サポートされない旨の承諾文に「<了解>」を選択

●「ラズパイ」OSの設定(現行/レガシー共通)

「ラズパイ」・アイコンから「設定」-「Raspberry Piの設定」-「インターフェイス」タグでカメラを有効にします。

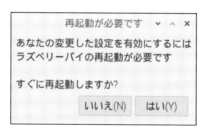

図4-5-10　設定でカメラを有効にする

「インターフェイス」の「カメラ」を「有効」にして「OK」を押下、確認画面で「はい」を選択してシステムを再起動すると、カメラが有効になります。

図4-5-11　再起動確認画面

●接続確認

LXTerminalから試験ソフトを実行し、電気的な接続とOSの設定を確認します。

```
vcgencmd get_camera
```

問題がなければ「supported=1」、「detected=1」を返します。

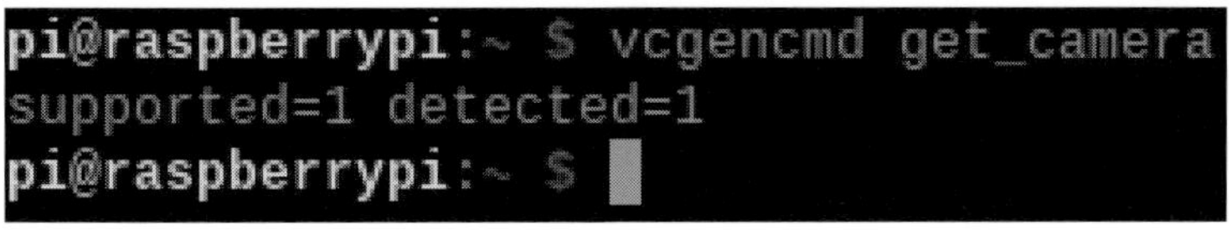

```
pi@raspberrypi:~ $ vcgencmd get_camera
supported=1 detected=1
pi@raspberrypi:~ $
```

図4-5-12

●試験

以下のコマンドで試験ソフトを実行します。

```
raspistill -o Desktop/image.jpg
```

画面中央に5秒間プレビュー表示後、静止画をファイルに保存します。

図4-5-13プレビュー画面は通常画面にオーバーレイ表示

同様に、以下のコマンドで動画を撮影できます。

```
raspivid -o Desktop/video.h264
```

> 【ラズパイ財団公式資料】
> コマンドラインでのカメラの操作法
> https://projects.raspberrypi.org/en/projects/getting-started-with-picamera/3

■ picameraの利用法

ここでは旧I/Fの「picamera」のPythonスクリプトからの呼び出し方法を確認します。libcameraベースの「picamera2」も同様のI/Fが予定されており、以下の知識は引き続き役立つでしょう。

●インスタンスの取得・解放

「picamera.Picamera()」でインスタンスを生成、APIをインスタンスを通して呼び出し、処理完了後「picamera.close()」を呼びます。

```
import picamera
camera=picamera.Picamera()
...
camera.close()
```

●with ～ as

上記のとおり、初期化終了関数を必ずペアで呼び出せば構いませんが、Pythonでは終了関数を自動的に呼び出す構文が用意されています。

with【初期化関数】as【生成したインスタンスを保持する変数】:

```
    …処理…


  「picamera」の場合、たとえばプレビュー時に、
with picamera.Picamera() as camera:
  camera.start_preview()
  …
  camera.end_preview()
```

と記述すると、「picamera.close()」の呼び出しをスクリプト中に明記しなくても、処理終了時に自動的に呼び出します。

●with ～ asを使用できるクラス

「with ～ as」に対応しているクラスは、以下のに関数を定義しています。

```
__enter__()：初期化関数
__exit__()：終了関数
```

構文終了時に「Python インタプリタ」が「__exit__()」を呼び出します。
「with ～ as」構文は、ファイルやデータベースへの書き込み操作など、終了関数の呼び出しが厳密に求められる呼び出しに用います。

●プレビュー / イメージ取得

「picamera.start_preview()」で画面上にオーバーレイでプレビュー表示を開始、「picamera.stop_preview()」で表示が止まります。
「picamera.capture()」で、呼び出した瞬間の静止画像をファイル / 変数に保存します。

```
camera.start_preview()
…
camera.end_preview()
camera.preview('ファイル名')
```

●動画撮影

「picamera.start_recording()」を実行すると、picamera.stop_recording()を呼び出すまでの映像を、ファイル / 変数に保存します。

第5章

Pythonスクリプト開発の実際

前章で見たI/Fを利用し、基本機能をPythonでコーディングします。

5-1 単色OLEDディスプレイの漢字表示

「ラズパイ3」「4」「Zero」に、「I²C I/F」の「単色OLEDディスプレイ」を接続し、漢字を表示してみます。

■ 単色OLEDディスプレイ

●「I²C I/F」の安価な表示デバイス

組み込み機器用の安価な表示デバイスと言えば、赤いLEDで数字列を表示する「7セグメントLED」を思い浮かべる読者も多いでしょう。

図5-1-1　ブレッドボードに置いた「7セグメントLED」（米Adafruit製）

近年では、「有機EL（OLED）ディスプレイ」のコモディティ化が進み、パーツ店では安価な1インチ程度の「単色OLEDディスプレイ」が販売されています。

●0.91インチ単色OLEDディスプレイ

今回、購入しやすいDSD Tech社製「0.91インチOLED」を使います。

同社サイト「http://www.dsdtech-global.com/」から「捜索此博客」（ブログ内検索）で「0.91 inch OLED」と入力すると、対角線長が、「0.91」「0.96」「1.3」インチの各製品の概要を確認できます。

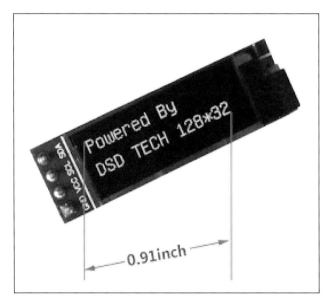

図5-1-2　製品外観
http://www.dsdtech-global.com/2018/05/iic-oled-lcd-u8glib.html

●I²C I/F

本製品はArduinoのGPIOピンへの接続を想定しており、同じ仕様のラズパイのGPIOピンにもジャンパ線でつなげられます。

「表示用コントローラ」は、Python用ライブラリが用意されている「SSD1306」で、「Pythonスクリプト」から簡単に任意のイメージを表示できます。

■ OLEDディスプレイの接続
●結線

「OLED」と「ラズパイ3」「4」「Zero」の「SCL」-「GPIO 3(SCL)（5ピン）」、「SDA」-「GPIO 2(SDA)（3ピン）」、「VCC」-「3V3 power（1ピン他）」、「GND」-「Ground（9ピン他）」につなぎます。

図5-1-3 「OLEDディスプレイ」と「ラズパイ」を「ジャンパケーブル」で接続

●接続の確認

「ラズパイ」が「I²Cデバイス」を認識しているか、コマンドで確かめます。

```
sudo i2cdetect -y 1
```

アドレス「0x3C」でデバイスを認識しない場合、結線を確認した上で、「設定」-「Raspberry Piの設定」で、ラズパイのI²Cが有効になっているか確認します。

```
pi@raspberrypi:     sudo i2cdetect -y 1
     0 1 2 3 4 5 6 7 8 9 a b c d e f
00:           -- -- -- -- -- -- -- -- -- --
10: -- -- -- -- -- -- -- -- -- -- -- -- -- -- -- --
20: -- -- -- -- -- -- -- -- -- -- -- -- -- -- -- --
30: -- -- -- -- -- -- -- -- -- -- -- -- 3c -- -- --
40: -- -- -- -- -- -- -- -- -- -- -- -- -- -- -- --
50: -- -- -- -- -- -- -- -- -- -- -- -- -- -- -- --
60: -- -- -- -- -- -- -- -- -- -- -- -- -- -- -- --
70: -- -- -- -- -- -- -- --
pi@raspberrypi:
```

図5-1-4 「i2cdetect」の実行結果
センサのアドレスは0x3C。

■ SSD1306用パッケージのインストール

● AdafruitのSSD1306用パッケージ

米Adafruit Industriesが、SSD1306用パッケージ「Adafruit CircuitPython SSD1306」を公開しているため、それを利用します。

「CircuitPython」の名前が付いていますが、これは近年Adafruit製品がCircuitPythonに対応したため、それまでのArduino用ライブラリと区別するための命名で、特に気にしなくてかまいません。

●接続の確認

以下のリポジトリから仕様を確認できます。

https://pypi.org/project/adafruit-circuitpython-ssd1306/

図5-1-5　仕様を確認

「pip」コマンドでインストールします。

```
sudo pip3 install adafruit-circuitpython-ssd1306
```

本パッケージは、「I^2C制御」、「フレームバッファへの描画」のため、他のライブラリに依存していますが、上記「pip3」コマンドは、必要なライブラリを同時にインストールします。

■ 動作確認

「OLED」が壊れていないか、対話入力で確認します。

●テストプログラム

「Thonny Python IDE」を立ち上げ、「Shellウィンドウ」に以下の内容を入力します。

```
from board import SCL, SDA
import busio
import adafruit_ssd1306
i2c=busio.I2C(SCL,SDA)
display=adafruit_ssd1306.SSD1306_I2C(128,32,i2c,addr=0x3C)
display.fill(1)
display.show()
```

デバイス依存の「解像度」(128×32ピクセル)と「I²Cアドレス」(0x3C)は、購入したデバイスに合わせて変更します。

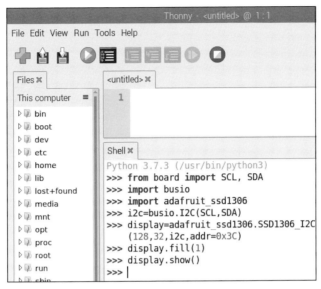

図5-1-6　解像度はデバイスに合わせる

全画面に「白」(発色)を書き込み、「全点灯」にしました。
「消灯」しているピクセルがないか、確認します。

図5-1-7　「ラズパイ4」に接続した「OLED」(左上)。

●個々のピクセルの「点灯」「消灯」

パッケージのメソッド「pixel(X座標, Y座標, 点灯1/消灯0)」で、任意の座標のピクセルを「点灯」「消灯」できます。

左上端のピクセルを消灯させる場合、以下を実行します。

```
display.pixel(0,0,0)
display.show()
```

■ 文字表示

「フレームバッファ」に文字列を書き込み、「OLED」に内容を表示します。

●オープンの「TrueType フォント」

Adobe 協力の下、Google が提供している「Noto font」を利用します。

Noto font：「no tofu」＝イメージがない時に表示される□を豆腐に見立てた命名。

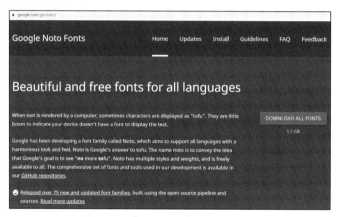

図5-1-8　「Noto font」の公式サイト
https://www.google.com/get/noto/

以下のコマンドで、ラズパイにフォントをインストールします。

```
sudo apt-get install fonts-noto-cjk
```

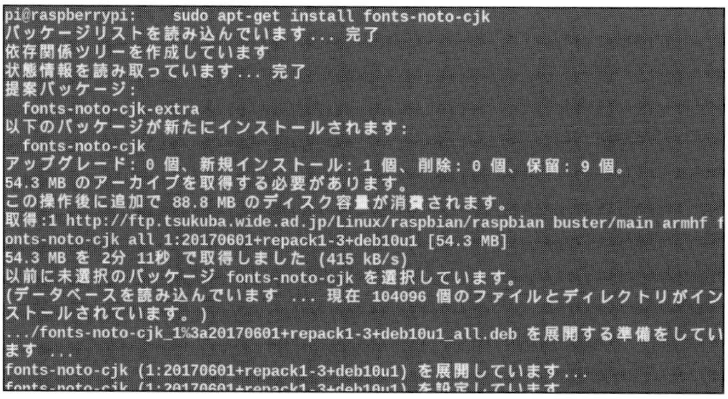

図5-1-9　インストール終了後の画面

「/usr/share/fonts/opentype/noto」内に、イメージファイルがセーブされています。

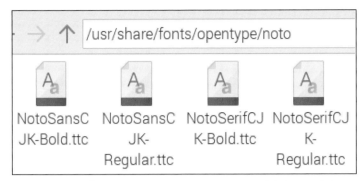

図5-1-10　「/user/share/fonts/opentype/noto」内のファイル

■ 漢字表示

　フォントイメージは、ImageFontクラスで読み込み、「Imageクラス」のフレームバッファの文字列描画メソッド「text()」に引き渡します。

　以下のプログラムを、先ほどのテストプログラムに続いて入力すると、「OLED」に漢字を表示します。

図5-1-11　プログラム実行後のLCD表示

```
from PIL import Image, ImageDraw, ImageFont
font=ImageFont.truetype("/usr/share/fonts/opentype/noto/NotoSansCJK-Regular.ttc",16)
image=Image.new("1",(display.width,display.height))
draw=ImageDraw.Draw(image)
draw.text((0,0),"☆漢字も表示☆",font=font,fill=255)
display.image(image)
display.show()
```

5-2 メールの送信

「Pythonスクリプト」から、テキストメールを送信します。

■「送信プロトコルサーバ」の設定

●SMTP

「送信メール」は、「SMTPプロトコル」で送信用の「SMTPサーバ」に渡します。

「SMTPサーバ」は、ユーザーからのメール送信依頼を受け付けるとともに、「SMTPサーバ」間で連携し、別の「SMTPサーバ」宛のメールを中継します。

●ポート番号

以前は、「SMTPサーバ」の「TCPポート25番」で「送信」や「中継」の両方を受け付けていましたが、近年ではセキュリティ対策から、送信を「TCP 587番」(SSL/TLSは「465番」)に分けています。

この送信専用ポートを、「サブミッションポート」と呼びます。

●「SMTPサーバ」へのアクセス制限

迷惑メールの送信元(踏み台)とされないよう、大手の事業者は「SMTPサーバ」へのアクセスを制限するようになっています。

たとえば、一部インターネット接続サービスでは、自社網内でしか「SMTPサーバ」にアクセスできず、「ケータイ」や「外部WLAN」からメールを送信できません。

●メール送信の制限

Google「Gmail」は、送信者の「IPアドレス」に対応するURLの登録がないと、「送信元ホスト名」が不明確とし、送信依頼を受け付けないようです。

この制限はGmailのセキュリティ設定を緩和すれば対応できますが、「ID」「password」流出時に踏み台となるリスクがあるため、推奨しません。

【Gmailの設定ページ(ログイン後)】

```
https://myaccount.google.com/security#connectedapps
```

Googleアカウント[ログインとセキュリティ]-[アカウントにアクセスできるアプリ]-「安全性の低いアプリの許可」で、制限を解除できます。

今回、制限のない独立系レンタルサーバ大手、「さくらインターネット」を利用しました。

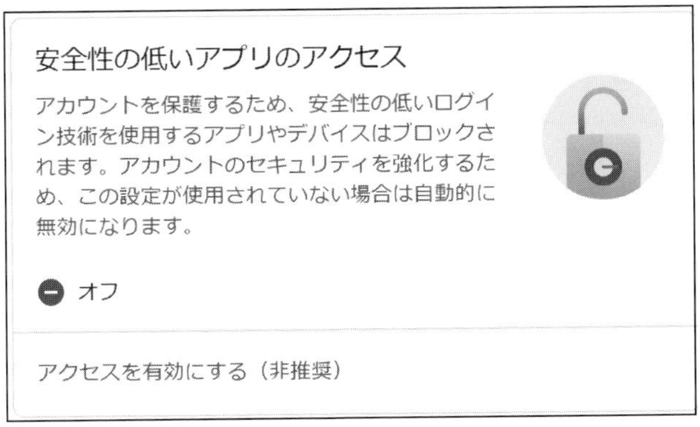

図5-2-1　アプリのアクセス制限を設定

■ Pythonスクリプト

●メール送信パッケージのインストール

Python用に「SMTPプロトコル」をサポートする「smtplib」パッケージがリリースされています。他のモジュールと同様に、「pipコマンド」でインストールします。

```
pip3 install smtplib
```

●「smtplib」の使用法

単純に、指定の「メールアドレス」に「テキスト文字列」を送信してみます。

実際には、エラー発生時の再送処理が必要ですが、①「題名(subject)」「送信者(from)」「送信先(to)」「本文」をデータにまとめ、②「SMTPサーバ」にlogin、③セキュリティを確立、④サーバに送信します。

リスト　テキストの送信

```
import smtplib
import email.mime.text

msg=email.mime.text.MIMEText('【本文】')
msg['Subject']='【題名】'
msg['From']='noreply@sakura.ne.jp'
msg['To']='【宛先】'

server=smtplib.SMTP('【SMTPサーバ】',587)
server.login('【ユーザーID】','【password】')
server.starttls()
server.send_message(msg)
server.quit()
```

●対話モードでの動作確認

　「Thonny Python IDE」のShellウィンドウをクリックし、対話モードで上記プログラムを動かします。

　「SMTPサーバ」の応答から、正常動作していることが分かります。

```
Shell
Python 3.7.3 (/usr/bin/python3)
>>> import smtplib
    import email.mime.text
    msg=email.mime.text.MIMEText('text data','html')
    msg['Subject']='test'
    msg['From']='noreply@sakura.ne.jp'
    msg['To']='                        '
    server=smtplib.SMTP('         .sakura.ne.jp',587)
>>> server.login('                    ','        ')
(                  OK Authenticated')
>>> server.send_message(msg)
{}
>>> server.quit()
(                      .sakura.ne.jp closing connection')
>>> |
```

図5-2-2　対話モード

■ メールの自動送信

　「組み込み機器」を想定し、電源投入後、「Pythonスクリプト」を自動的に実行するようにします。

●「Pythonアプリ」の自動実行

　「自動実行」の方法はいくつかあり、「crontab」を利用すれば、細かくスケジュールを設定できます。

　ここでは、「Pico」と同様、電源投入後すぐに所定の「Pythonスクリプト」を実行するよう、「/etc/rc.local」ファイルにPythonの実行を追記します。

●/etc/rc.localの編集

　まず、エディタで編集できるよう、ファイルに読み書き属性を設定します。

```
sudo chmod 777 /etc/rc.local
```

　「Text Editor」から、「ファイル(F)-開く(O)」で「ファイルダイアログ」を開き、「/etc/rc.local」を選択します。

図5-2-3 「rc.local」を開く

「Exit 0」の前に、「Pythonスクリプト」の実行コマンドを書きます。

```
If …(略)…
  …(略)…
fi
python3 autostart.py
exit 0
```

基本的に何を書いてもかまいませんが、起動直後は「WLAN」に接続完了していないなど、時間経過が必要な処理はすぐに実行できないことを念頭に置きます。

5-3 「Pico」の「温度計測」「LED点滅」

「ラズパイ3」「4」「Zero」と「Pico」をUSB接続すると、「ラズパイOS」機と同様に、「Thonny Python IDE」上で「Pythonスクリプト」を開発できます。
ここでは、「Pico用Pythonスクリプト開発」の実際を見てみましょう。

■「ピンヘッダ」のハンダ付け
今回行なう、「室温の計測」「LEDの点滅」では不要ですが、基板に「ピンヘッダ」を取り付ける方法を確認します。

●基板で提供
「Zero」シリーズと異なり、「Pico」は「ピンヘッダ」を付けていない製品しか売られておらず、ラズパイ財団は「Pico」向けにハンダ付けの指南書をリリースしています。

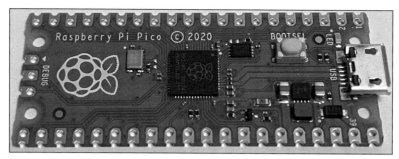

図5-3-1　「Pico」本体
基板右上の白い楕円が、タクトスイッチ。

●「ピンヘッダ」の用意
　「ピンヘッダ」の穴の間隔は「2.54mm」で、各社が同じ間隔の「ピンヘッダ」を販売しています。

図5-3-2　束で売られている「ピンヘッダ」

●ハンダ付けの練習
　ハンダ付けに自信がない場合、「ユニバーサル基板」を購入し、練習するといいでしょう。

図5-3-3　ユニバーサル基板

●ハンダ付け

基板のピンホールの数に合わせ、「ピンヘッダ」をラジオペンチでカットし、「基板裏」(タクトスイッチがない面)の穴に差し込み、ハンダ付けします。

「Pico」を「ブレッドボード」に置いても、「タクトスイッチ」を押せるようにするためです。

図5-3-4 「ピンヘッダ」は裏面に差し込む

各ピンとパターンが充分接触するようハンダ付けをしていき、最後にハンダが流れて隣の端子と短絡していないかを、目視で確認します。

●ハンダ付けの指南書

ハンダ付けは慣れるしかありませんが、一般的なアドバイスとして、ハンダがスムーズに溶けるよう、コテの温度を充分高くします。

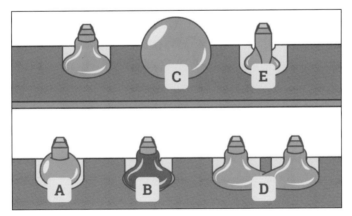

図5-3-5 ハンダ付けの例(ラズパイ財団ブログより)
C・E:ハンダ過不足、A：温度不足、B:過熱、D:短絡

ラズパイ財団も、以下のURLでハンダ付けの指南書を公開しています。

【How to solder GPIO pin headers to Raspberry Pi Pico】

https://magpi.raspberrypi.org/articles/how-to-solder-gpio-pin-headers-to-raspberry-pi-pico

●ブレッドボード

普段は「ブレッドボード」に置き、端子を保護するといいでしょう。

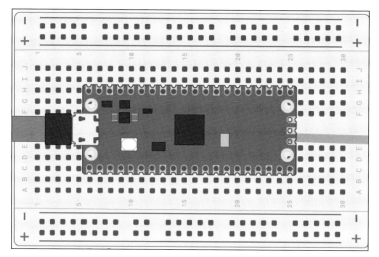

図5-3-6　「ブレッドボード」に挿した「Pico」(ラズパイ財団、一部修正)

「ブレッドボード」の両サイドの横穴は通電しているため、縦に「Pico」を挿します。

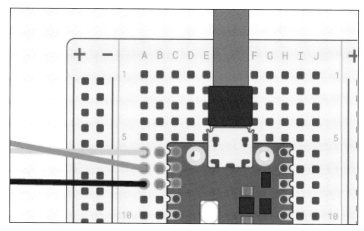

図5-3-7　「Pico」を使った実験での結線例(ラズパイ財団)
通電している横の穴に線をつないでいる。

■ クロス環境によるソフト開発

●クロス開発対応版の「Thonny Python IDE」

「Thonny Python IDE」の最新版は、USB接続した「Pico」上で、「Pythonスクリプト」を実行できます。

「ラズパイ」を以前から使っている場合、「ThonnyをPico」のクロス環境に対応した最新版にアップデートします。

図5-3-8 画面右上端のアイコンが「LXTerminal」ソフト

　万一、アップデートに失敗し、システムの再インストールが必要になったときのため、大事なファイルを事前にバックアップした上で、「LXTerminal」から「apt-get」コマンドを実行し、環境一式をアップデートします。

```
sudo apt-get update
sudo apt-get upgrade
```

●「Pico」との接続

　「Pico」はUSB給電で起動し、プログラムが書き込まれていれば、自動的にプログラムを実行します。

　プログラムの書き込みは、基板上の白いボタンを押しながら「Pico」と「PC」を「USBケーブル」でつなぎ、一度「Pico」を「USBストレージ」として認識させ、そこにプログラムファイルをドラッグアンドドロップして行ないます。

　「Thonny」上で「Pythonスクリプト」を開発する場合、「Thonny」が「Pico」に「スクリプト」を書き込むため、「スクリプトファイル」のドラッグアンドドロップは不要です。
　また、「Thonny」は「Pico」に「MicroPythonインタープリタ」をインストールします(後述)。

●Python処理系の選択方法

　まず、「ラズパイ4」に「Pico」を接続せず、ラズパイメニューから「Thonny Python IDE」を起動します。

図5-3-9 メニューから「Thonny Python IDE」を起動

「Thonny」のウィンドウの右下端の「Python 3.9.2」の表示は、「ラズパイ 3」「4」「Zero」上で「Python」を動作させることを意味します。

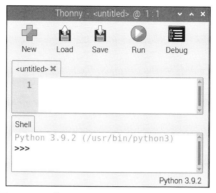

図5-3-10　「Thonny Python IDE」の起動直後

「Python 3.9.2」の文字をクリックし、「Configure interpreter…」を選択すると、実行先の「Python インタープリタ」の選択ダイアログを表示します。

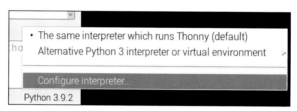

図5-3-11　右下端の「Python 3.7.3」をクリック

「Thonny options」-「Interpreter」で「MicroPython (Raspberry Pi Pico)」を選択します。

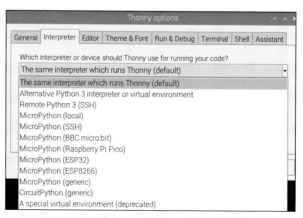

図5-3-12　「Thonny Python IDE」を選ぶ

右下端が「MicroPython (Raspberry Pi Pico)」になり、「Shell ウィンドウ」に「Pico」を認識できない旨を表示します。

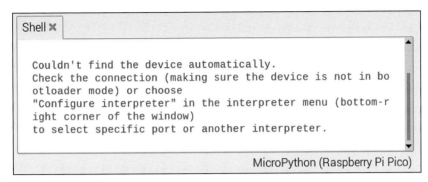

図5-3-13　右下端が「MicroPython (Raspberry Pi Pico)」になる

●「Pico」のPython処理系の選択

一度、「Thonny」を終了して、「USBケーブル」を抜き、「Pico」の「タクトスイッチを押しながら」、「ラズパイ4」と「Pico」を「USBケーブル」で接続します。

「リムーバブルメディアの挿入」ダイアログが現われたら、「ラズパイ3」「4」「Zero」と「Pico」がつながりました。

ダイアログ自体は、[Esc]キーを押して無視します。

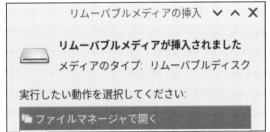

図5-3-14　「リムーバブルメディア」として認識されればOK

「Thonny」を再度立ち上げ、「Pico」に「MicroPythonインタープリタ」を書き込む確認ダイアログが表示されたら、「Install」を押します。

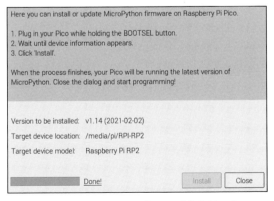

図5-3-15　「Install」をクリック

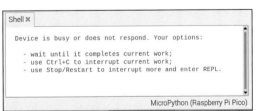

図5-3-16　エラー表示

書き込み終了後、「Pico」が再起動し自動的にPython処理系が走るため、「device is busy」（デバイスの応答なし）のエラーを表示します。

画面上部の「STOP」を押して、Python処理系の実行を止め、「ラズパイ4」から「Pico」の「Python」を、「対話モード」で利用できるようにします。

図5-3-17　STOPアイコン（右端）

■ 対話モードでの実行

●LEDの点滅

「Pico基板」上の「緑色LED」は、自作ソフトからON/OFFできます。

「LED」を点灯する場合は、「GPIO25番」に「1」、消灯する場合は「0」をセットします。

```
import machine
machine.Pin(25,machine.Pin.OUT).value(1)
```

一度セットすると、次にセットするまで「点灯/消灯」し続けます。

●動作確認

LEDが点灯するか、まず手入力で確認します。

「Thonny」の「Shellウィンドウ」をクリックし、「Pico」の「Python」に「対話入力」できるようにします。

```
MicroPython v1.14 on 2021-02-02; Raspberry Pi Pico with RP2040
Type "help()" for more information.
>>>
```

図5-3-18　「Pico」の「MicroPythonインタプリタ」の「対話モード」

「Shellウィンドウ」で、以下のコマンドを入力します。

```
import machine
machine.Pin(25,machine.Pin.OUT)
```

LEDが点灯すれば、正常に動作しています。

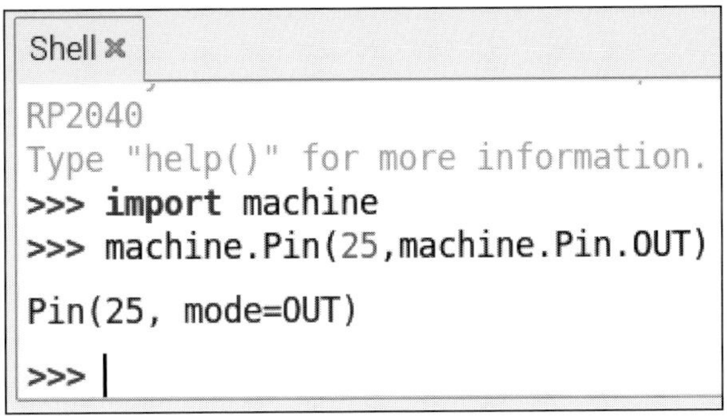

```
Shell ✕
RP2040
Type "help()" for more information.
>>> import machine
>>> machine.Pin(25,machine.Pin.OUT)
Pin(25, mode=OUT)
>>>
```

図5-3-19　コマンド入力後の対話モード

■「Pythonスクリプト」の実行

スクリプトを書いて、「0.5秒」ごとに「GPIO25番」に「1」と「0」を交互にセットし、LEDを点滅させます。

●ウェイト関数

「GPIO」に「ON/OFF」を設定した後、一定時間待つため、「time.sleep関数」を使います。与えられた数値の秒数だけ止まります。

```
import time
time.sleep(秒数)
```

小数も指定でき、たとえば0.5秒待つ場合、「time.sleep(0.5)」とします。

●LEDの点滅

本関数を使って、LEDを点滅し続ける処理を「Pythonスクリプト」にします。

リスト　blink_test.py

```
import machine
import time
status=1
led=machine.Pin(25,machine.Pin.OUT)
while true:
    led.value(status)
    time.sleep(0.5)
    status=int(status==0)
```

「whileループ」内で「0.5秒」待った後、「LEDの点灯(status==1)」と「消灯(0)」を繰り返します。

●「Pico」への書き込み

　「Thonny」上部の「New」を押すと、「スクリプトファイル」を書き込むウィンドウが作られます。

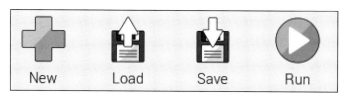

図5-3-20　Thonnyウィンドウ上部のアイコン

　前記「blink_test.py」の内容を書き込み、「Save」アイコンを押し、セーブ先に「Raspberry Pi Pico」を選択します。

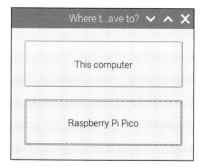

図5-3-21　「Raspberry Pi Pico」を選ぶ

　ここで、次の実験のためにファイル名を「main.py」にしてセーブします。
　「Run」アイコンを押すと、LEDが点滅します。

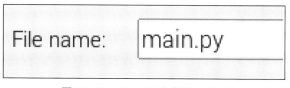

図5-3-22　ファイルを保存しておく

●電源投入後の自動実行

　ファイル名を「main.py」にして「Pico」にセーブすると、電源投入後にスクリプトを自動実行します。「ラズパイ3」「4」「Zero」なしで、「Pico」単体で自作ソフトを動作させることができきます。
　「Pico」を「ラズパイ4」の「USBケーブル」から外し、「AC充電器」と「Pico」をUSBケーブルでつなぐと、先程セーブした「main.py」を実行し、PicoのLEDが点滅します。

■ LED点滅関数

次節の準備として、LEDを点滅させる処理を関数にまとめます。

●点滅仕様

点滅パターンは、与えられた2桁の整数の、

1. 上位桁分、0.5秒単位でLEDを点滅。
2. 下位桁分、0.2秒単位でLEDを点滅。
3. 100以上の場合、LEDを2秒点灯。

とし、たとえば、LEDがゆっくり2回点滅し、速く5回点滅すると、「25」を意味します。

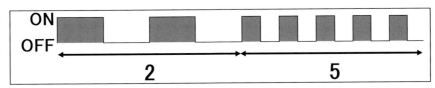

図5-3-23 　LED点滅パターン

●関数仕様

関数は、数値の他に「除数」(divisor)を指定できるようにし、たとえば、「100〜9999」の千・百の位で点滅させる場合、除数に「100」を指定、「1〜99」の値に変換します。

```
def blink_led(num,divisor=1):
```
関数のプロトタイプ。引数の「=1」は未指定時の設定値。

●コーディング

引数の下位2桁それぞれの回数だけ、「GPIO 25番」に「1」「0」をセットします。

リスト　LEDの点滅プログラム

```
import machine
import time
def blink_led_1shot(interval_sec):
  led=machine.Pin(25,Pin.OUT)
  led.value(1)
  time.sleep(interval_sec)
  led.value(0)
  time.sleep(interval_sec)

def blink_led(num,divisor=1):
  num=num/divisor
  blink_long =int(num/10)
  blink_short=int(num%10)
  if num>9: #値超過：2秒点灯
```

```
    blink_led_shot(2)
    return
  while blink_long>0: #遅く点滅
    blink_led_1shot(0.5)
    blink_long =blink_long -1
  while blink_short>0:#速く点滅
    blink_led_1shot(0.2)
    blink_short=blink_short-1
```

■「内蔵温度センサ」計測値の取得

室温を点滅表示で知らせます。

●アナログ入力

「Pico」は「ラズパイ」で初めて、「GPIOピン」からのアナログ入力に対応しました。

ピン「31」「32」「34*」からのアナログ入力3本のほか、4本目のチャネルに「温度センサ」を接続。アナログ入力で、「温度」を取得できます。

＊飛んでいる「ピン33」はアナログ入力用「GND」。

●取得方法

「温度センサ」（ADC 4番）のアナログ値は、以下の手順で読み出します。

```
import machine
machine.ADC(4).read_u16()
```

読み出した値は、以下の式で「セ氏」になります。

```
27-値*((3.3/65535)-0.706)/0.001721
```

●温度取得関数

「温度センサ」の計測値を取得し、温度を「セ氏」で返す関数を定義します。

```
def read_temperature()
  return(27-(machine.ADC(4).read_u16()*3.3/65535.0-0.706)
        /0.001721)
```

●サンプルプログラム

関数をまとめ、気温をLEDの点滅で示す「Pythonスクリプト」を作ります。

リスト　thermometer.py

```python
import machine
import time

def blink_led(num,unit=0):
    if unit!=0:
        num=num/unit
    blink_long =int((num%100)/10)
    blink_short=int((num% 10)/ 1)
    led=machine.Pin(25,machine.Pin.OUT)

    led.value(0)
    while blink_long>0:
        led.value(1)
        time.sleep(0.5)
        led.value(0)
        time.sleep(0.5)
        blink_long =blink_long -1

    while blink_short>0:
        led.value(1)
        time.sleep(0.2)
        led.value(0)
        time.sleep(0.2)
        blink_short=blink_short-1

def read_temperature():
    data=machine.ADC(4).read_u16()
    conv=3.3/65535.0
    t=27-(data*conv-0.706)/0.001721
    return(t)

blink_led(2)
time.sleep(3)
while True:
    blink_led(read_temperature())
    time.sleep(2)
```

前のほうは関数定義のため、プログラムは最後の3行を実行します。
「while True」の無限ループで、「点滅」「2秒停止」を繰り返します。

●Pico上での動作確認

「ラズパイ3」「4」「Zero W」と「Pico」をUSBケーブルで接続、「3」「4」「Zero W」の「Thonny Python IDE」で、上記スクリプトを入力し、「Pico」で実行します。

図5-3-24　「Zero W」(上)と「Pico」(下)を「micro USBケーブル」で接続
他の端子は、「電源供給」(左)と「mini HDMIケーブル」(右)。
「Pico」の「キーボード」と「マウス」は「Bluetooth接続」。

●Pico単体での実行

スクリプトを「main.py」として「Pico」にセーブし、「Pico」を「ラズパイ」とつないでいる「USBケーブル」から外して「USB電源」につなげると、書き込んだ「main.py」が自動実行され、「温度」を「LED」で通知し続けます。

索 引

索引

索引

▼本書は、月刊 I/O に連載の「『Raspberry Pi』を使ってみよう!」
(くもじゅんいち) に加筆、修正し、再構成したものです。

質問に関して

本書の内容に関するご質問は、

① 返信用の切手を同封した手紙
② 往復はがき
③ FAX (03) 5269-6031
　（ご自宅の FAX 番号を明記してください）
④ E-mail　editors@kohgakusha.co.jp

のいずれかで、工学社編集部宛にお願いします。電話によるお問い合わせはご遠慮ください。

サポートページは下記にあります。
[工学社サイト] https://www.kohgakusha.co.jp/

I/O BOOKS
「Raspberry Pi」教科書

2022 年 5 月 25 日　初版発行　ⓒ 2022

編　集	I/O 編集部
発行人	星　正明
発行所	株式会社工学社
	〒 160-0004 東京都新宿区四谷 4-28-20　2F
電話	(03)5269-2041 (代) [営業]
	(03)5269-6041 (代) [編集]
振替口座	00150-6-22510

※定価はカバーに表示してあります。

[印刷] シナノ印刷 (株)

ISBN978-4-7775-2195-1